工业和信息化高职高专"十二五"规划教材立项项目

职业教育机电类"十二五"规划教材

基于Proteus的单片机应用技术
项目教程

朱海洋 张莉 黄晓林 编著

人民邮电出版社

北京

图书在版编目（CIP）数据

基于Proteus的单片机应用技术项目教程 / 朱海洋,
张莉, 黄晓林编著. -- 北京：人民邮电出版社，2013.4（2020.7 重印）
工业和信息化高职高专"十二五"规划教材立项项目
. 职业教育机电类"十二五"规划教材
ISBN 978-7-115-30794-1

Ⅰ．①基… Ⅱ．①朱… ②张… ③黄… Ⅲ．①单片微
型计算机－系统仿真－应用软件－高等职业教育－教材
Ⅳ．①TP368.1

中国版本图书馆CIP数据核字（2013）第023365号

内 容 提 要

本书共 5 个项目，项目一介绍 Proteus 设计与仿真基础知识，项目二～项目五完成 4 个项目训练，分别是：简单交通信号控制设计、简单数字电压表设计、简易信号发生器设计和袖珍电子万年历设计。每个分项任务所提供的参考程序均通过实际验证。

在项目及分项任务的安排上力求循序渐进、由浅入深，强调以应用为目的，以"必需"、"够用"为度，突出教学内容的"职业性"和"针对性"。

本书可作为高职高专机电类、电气类及计算机类专业的教学用书，也适合作为单片机的培训资料和单片机爱好者的自学参考用书。

◆ 编　　著　朱海洋　张　莉　黄晓林
　　责任编辑　刘盛平

◆ 人民邮电出版社出版发行　　北京市丰台区成寿寺路 11 号
　　邮编　100164　　电子邮件　315@ptpress.com.cn
　　网址　http://www.ptpress.com.cn
　　北京捷迅佳彩印刷有限公司印刷

◆ 开本：787×1092　1/16
　　印张：9.25　　　　　　　　　　2013 年 4 月第 1 版
　　字数：215 千字　　　　　　　　2020 年 7 月北京第 4 次印刷

ISBN 978-7-115-30794-1
定价：20.00 元
读者服务热线：(010)81055256　印装质量热线：(010)81055316
反盗版热线：(010)81055315

Forward

前 言

"单片机应用技术"是高职院校电气类及计算机类专业必修的一门重要的专业技术课程，是一门实践性很强的课程。为了适应高职教育的需要，根据《关于加强高职高专教育人才培养工作的意见》（教高[2002]2号）和《关于全面提高高等职业教育教学质量的若干意见》（教高[2006]16号）等文件精神，并综合了电类主要专业的人才培养方案的要求编写了本书。

本书本着全面提高学生的动手能力、实践能力和职业技术素质为目的，特意聘请有十多年单片机工程经验的高级工程师参与本书的编写，采用一线工程技术人员与在校教师共同编写的模式，精选对学生终身发展有益的项目，突出培养学生运用所学知识和技能解决问题的综合应用能力，为其今后的职业生涯打下良好的基础。在项目及分项任务的安排上力求循序渐进、由浅入深，强调以应用为目的，以"必需"、"够用"为度，突出教学内容的"职业性"和"针对性"。

本书在编写上，充分考虑当前高职院校学生的学习特点，力求达到以下特点。

（1）以培养应用技术型人才为目标，突出基本技能的培养，加强单片机技术应用的训练，提高学生解决问题的能力。

（2）将单片机应用技术必备的知识贯穿到各分项任务中，通过Proteus平台让学生直观地感受到工程技术所具有的实用性。

（3）学习情境以常规教学和基本能力训练为主，引入的工作任务能激发学生的学习兴趣，按照工作过程导向的理念，完善"学中做、做中学"的教学模式，通过实践训练加深对基础理论知识的理解。

（4）分项任务中的实例程序编写是以工程应用的角度出发，培养学生的工程意识，为今后的职业发展奠定良好的基础。

本书共5个项目，项目一介绍Proteus设计与仿真基础知识，项目二～项目五完成4个项目训练，分别是：简单交通信号控制设计、简单数字电压表设计、简易信号发生器设计和袖珍电子万年历设计。每个分项任务所提供的参考程序均通过实际验证。

　　本书由朱海洋、张莉和黄晓林编著，项目一和附录由朱海洋编写，项目二和项目三由张莉编写，项目四和项目五由黄晓林编写，全书由朱海洋统稿。在编写过程中得到了尹湛华、欧阳明星、张智军等的鼎力相助，对书稿进行了认真的审阅，并提出了许多宝贵的意见，在此表示衷心的感谢。

　　由于编者水平有限，书中难免有不妥之处，欢迎广大读者批评指正。编者的电子邮箱：zhusea@163.com。

编　者

2013 年 1 月

Content

目 录

Chapter

1

项目一

| Proteus 设计与仿真 |

知识目标：

- 了解 Proteus 的基本功能及相关资源库。
- 熟悉 Proteus 的设计环境 Proteus ISIS 及第三方编译工具如 WAVE、Keil 等。
- 掌握 Proteus 中实现单片机系统设计与仿真的步骤与方法。

1.1 Proteus 简介

1.1.1 Proteus 概述

　　Proteus 是英国 Labcenter electronics 公司研发的一款集单片机仿真和 SPICE 分析于一身的 EDA 工具软件，从 1989 年问世至今，经过了近 20 年的使用、发展和完善，功能越来越强，性能越来越好，已在全球广泛使用。在国外有包括斯坦福、剑桥等在内的几千家高校将 Proteus 作为电子工程学位的教学和实验平台；在国内 Proteus 也广泛应用于高校的大学生或研究生电子教学与实验以及公司实际电路设计与生产。

　　Proteus 软件主要具有以下特点。

　　（1）具有强大的原理图绘制功能。

　　（2）实现了单片机仿真和 SPICE 电路仿真相结合。具有模拟电路仿真、数字电路仿真、单片机及其外围电路的系统仿真、RS232 动态仿真、I^2C 调试器、SPI 调试器、键盘和 LCD 系统仿真的功能；有各种虚拟仪器，如示波器、逻辑分析仪、信号发生器等。

（3）支持主流单片机系统的仿真。目前支持的单片机类型有：68000 系列、8051 系列、AVR 系列、PIC12 系列、PIC16 系列、PIC18 系列、Z80 系列、HC11 系列以及各种外围芯片。

（4）提供软件调试功能。具有全速、单步、设置断点等调试功能，同时可以观察各变量以及寄存器等的当前状态，并支持第三方编译和调试环境，如 wave6000、Keil 等软件。Proteus 的基本结构体系见表 1-1。

表 1-1　　　　　　　　　　　　Proteus 结构体系

Proteus	Proteus VSM	ISIS
		PROSPICE
		微控制器 CPU 库
		元器件和 VSM 动态器件库
		ASF
	Proteus PCB Design	ISIS
		ASF
		ARES

表中有关概念的说明如下：

- Proteus VSM（Virtual System Modelling）：Proteus 虚拟系统模型。
- ISIS（Intelligent Schematic Input System）：智能原理图输入系统。
- PROSPICE：混合模型仿真器。
- ASF（Advanced Simulation Feature）高级图表仿真。
- Proteus PCB Design：Proteus 印刷电路板设计。
- ARES（Advanced Routing and Editing Software）：高级布线编辑软件。

Proteus 主要由下述两大部分组成。

- ISIS——原理图设计、仿真系统，用于电路原理图的设计及交互仿真。
- ARES——印制电路板设计系统，主要用于印制电路板的设计，产生最终的 PCB 文件。

本书着重叙述 Proteus 原理图设计以及利用 Proteus 实现单片机应用电路系统的设计与仿真方法，其他不详之处请参考相关资料。

1.1.2　Proteus 的运行环境

要运行 Proteus 系统，要求计算机系统满足以下软件和硬件环境。

（1）Win98/Me/2000/XP 或更高版本的操作系统。

（2）200MHz 或更高速的 Pentium CPU。

（3）64MB 或以上的内存空间。

（4）64MB 或以上的可用硬盘空间。

（5）显示器分辨率设置为：1280×1024。

用 Proteus VSM 实时仿真时，则要求 300MHz 以上主频的 Pentium CPU；如果要实时仿真的电路系统较大或较复杂，采用更高配置的计算机系统，以便获得更好的仿真效果。

1.1.3　ProteusVSM 的资源库和仿真工具

1. 单片机模型库

Proteus 能够对多种系列众多型号的单片机进行实时仿真、协调仿真、调试与测试。以 Proteus 7.1 为例。表 1-2 列出了 Proteus VSM 已有的能够仿真的单片机模型；表 1-3 列出了 Proteus VSM 单片机模型的功能；表 1-4 列出了目前 Proteus VSM 单片机模型的通用调试能力。

表 1-2　　　　　　　　　　　ProteusVSM 单片机模型

单片机模型系列	单片机模型
8051/8052 系列	通用的 80C31、80C32、80C51、80C52、80C54 和 80C58 Atmel AT89C51、AT89C52 和 AT89C55 Atmel AT89C51RB2、AT89C51RC2、和 AT89C51RD2（X2 和 SPI 没有模型）
Microchip PIC 系列	PIC10、PIC12C5XX、PIC12C6XX、PIC12F6XX、PIC16C6XX、PIC16CX、PIC16F8X、PIC16F87X、PIC16F62X、PIC18F
Atmel AVR 系列	现有型号
MotorolaHC11 系列	MC68HC11A8、MC68HC11E9
Parallax Basic Stamp	BS1、BS2、BS2e、BS2ex、BS2p24、BS2p40、BS2pe
ARM7/LPC2000 系列	LPC2104、LPC2105、LPC2106、LPC2114、ARM7TDMI 和 ARM7TDMI-S

表 1-3　　　　　　　　　　　ProteusVSM 单片机模型功能

实时仿真	中断仿真	CCP/ECCP 仿真
指令系统仿真	SPI 仿真	I²C/TWI 仿真
Pin 操作仿真	MSSP 仿真	模拟比较器仿真
定时器仿真	PSP	外部存储器仿真
UART/USART/EUSARTs	ADC 仿真	实时时钟仿真

表 1-4　　　　　　　　　　　ProteusVSM 单片机模型通用调试能力

工具/语言支持	断电支持	监视窗口
汇编器	标准断点	实时显示数值
C 编译器	条件断点	支持混合类型
支持 PIC Basic	硬件断点	支持拖放
仪器	存储器内容显示	包括指定的 SFR
虚拟仪器	在 CPU 内部	包括指定 bit 位
从模式规程分析器	在外设	变量窗口
主模式规程分析器	Trace/Debugging 模式	堆栈监视

续表

工具/语言支持	断电支持	监视窗口
源代码级调试	在 CPU 内部	网络冲突警告
汇编	在外设	在模型上的 Trace 模式
高级语言（C 或 Basic）		与其他 Compilers/IDEDE/JIE 的集成

2. 高级外设模型

表 1-5 列出了 Proteus VSM 提供的高级外设模型。

表 1-5　　　　　　　　　　　　　高级外设模型

虚拟仪器和分析工具	交互式虚拟仪器	双通道示波器、24 通道逻辑分析仪、计数/计时器，RS-232 连接端子、交/直流电流表、交/直流电压表
	规程分析仪	双模式（主/从）I^{2}C 规程分析仪 双模式（主/从）SPI 规程分析仪
	交互式电路激励工具	模拟信号发生器：可输出方波、锯齿波、三角波、正弦波 模拟信号发生器：支持 1KB 的数字数据流
光电显示模型和驱动模型		数字式 LCD 模型、图形 LCD 模型、LED 模型、七段显示模型、光电驱动模型、光耦模型
电动机模型和控制器		电动机模型、电动机控制模型
存储器模型		I^{2}C EEPROM、静态 RAM 模型、非易失性 EPROM
温度控制模型		温度计和温度自动调节模型、温度传感器模型、热电偶模型
计时模型		实时时钟模型
I^{2}C/SPI 规程模型		I^{2}C 外设、SPI 外设、规程分析仪
一线规程模型		一线 EEPROM 模型、一线温度计模型、一线开关模型、一线按钮模型
RS-232/RS-485/RS-422 规程模型		RS232 连接端子模型、Maxim 外观模型
ADC/DAC 转换模型		模/数转换模型、数/模转换模型
电源管理模型		正电源标准仪、负电源标准仪、混合电源标准仪、
拉普拉斯转换模型		操作模型、一阶模型、二阶模型、过程控制、线性模型、非线性模型
热离子管模型		二极管模型、五极真空管模型、四极管模型、三极管模型
变换器模型		压力传感器模型

3. 其他元件模型库

除上述微控制器、外设模型外，Proteus VSM 还提供了其他丰富的元器件库。

（1）标准电子元器件：电阻、电容、二极管、晶闸管、光耦、运放 555 定时器、电源等。

（2）74 系列 TTL 和 4000 系列 CMOS 器件、接插件等。

（3）存储器：ROM、RAM、EEPROM、I^{2}C 器件等。

（4）微控制器支持的器件，如 I/O 口、USART 等。

4．激励源

（1）DC：直流激励源。

（2）SINE：幅值、频率、相位可控的正弦波发生器。

（3）PULSE：幅值、周期和上升/下降沿时间可控的模拟脉冲发生器。

（4）EXP：指数脉冲发生器。

（5）SFFM：单频率调频波信号发生器。

（6）PWLIN：任意分段线性脉冲、信号发生器。

（7）FILE：File 信号发生器，数据来源于 ASCII 文件。

（8）AUDIO：音频信号发生器（wav 文件）。

（9）DSTATE：稳态逻辑电平发生器。

（10）DEDGE：单边沿信号发生器。

（11）D PULSE：单周期数字脉冲发生器。

（12）DCLOCK：数字时钟信号发生器。

（13）DPATTERN：模式信号发生器。

5．虚拟仪器

（1）虚拟示波器（OSCILLOSCOPE）。

（2）逻辑分析仪（LOGIC ANALYSE）。

（3）计数/计时器（COUNTER TIMER）。

（4）虚拟连接端子（VIRTUAL TERMINAL）。

（5）信号发生器（SIGNAL GENERATOR）。

（6）模式发生器（PATTERN GENERATOR）。

（7）交/直流电压表和电流表（AC/DC VOLTMETER/AMMETER）。

6．仿真图表

Proteus 提供的图表可以控制电路的特定仿真类型并显示仿真结果，主要有以下 13 种。

（1）模拟图表（ANALOGUE）。

（2）数字图表（DIGITAL）。

（3）混合模式图表（MIXED）。

（4）频率图表（FREQUENCY）。

（5）传输图表（TRANSFER）。

（6）噪声分析图表（NOISE）。

（7）失真分析图表（DISTORTION）。

（8）傅立叶分析图表（FOURIER）。

（9）音频图表（AUDIO）。

（10）交互式分析图表（INTERACTIVE）。

（11）性能分析图表（CONFORMANCE）。

（12）DC 扫描分析图表（DC SWEEP）。

（13）AC 扫描分析图表（AC SWEEP）。

1.2　初识 Proteus ISIS

1.2.1　进入 Proteus ISIS

双击桌面上的 ISIS 7 Professional 图标或者单击屏幕左下方的"开始"→"程序"→"Proteus 7 Professional"→"ISIS 7 Professional"，出现如图 1-1 所示界面，表明进入 Proteus ISIS 集成环境。本书采用 Proteus 7.1 版本。

图 1-1　ISIS 启动时的界面

1.2.2　ISIS 工作窗口

Proteus ISIS 的工作窗口是一种标准的 Windows 界面，如图 1-2 所示。它包括：标题栏、主菜单、标准工具栏、绘图工具栏、状态栏、对象选择按钮、预览对象方位控制按钮、仿真进程控制按钮、预览窗口、对象选择器窗口、图形编辑窗口等。

1. 主菜单

ISIS 主菜单包括各种命令操作，利用主菜单中的命令可以实现 ISIS 的所有功能。主菜单共有 12 项，每一项都有下一级菜单，使用者可以根据需要选择该级菜单中的选项，其中许多常用操作在工具栏中都有相应的按钮，而且一些命令右方还标有该命令的快捷键。

2. 图形编辑窗口

在图形编辑窗口中可以编辑原理图、设计电路、设计各种符号、设计元器件模型等，它是各种电路、单片机系统的 Proteus 仿真平台。

此窗口没有滚动条，可单击对象预览窗口来改变可视的电路图区域。

3. 预览窗口

预览窗口可以显示下面的内容。

① 当单击对象选择器窗口中的某个对象时，预览窗口就会显示该对象的符号。

② 当单击绘图工具栏中的 ▶ 按钮后，预览窗口中一般会出现蓝色方框和绿色方框：蓝色方框内是可编辑区的缩略图，绿色方框内是当前编辑区中在屏幕上的可见部分，在预览窗口蓝色方框内某位置单击，绿色方框会改变位置，同时编辑区中的可视区域也作相应的改变、刷新。

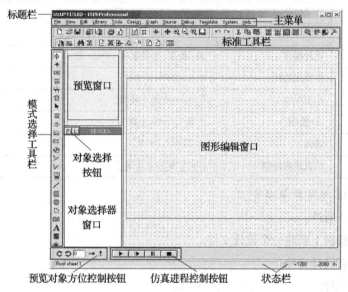

图 1-2　Proteus ISIS 的工作窗口

（1）对象选择器窗口

对象选择器窗口中显示设计时所选的对象列表，对象选择按钮用来选择元器件、连接端子、图表、信号发生器、虚拟仪器等。其中有条形标签"P"、"L"和"DEVICES"，单击"P"则可以从库中选取元件，并将所选元器件名一一列在对象选择器窗口中，"L"为库管理按钮，单击时会显示一些元器件库。

（2）预览对象方位控制按钮

对于具有方向性的对象，利用此按钮来改变对象的方向，需要注意的是在 ISIS 原理图编辑窗口中，只能以 90°间隔（正交方式）来改变对象的方向。

旋转：**C ⊃ 0** 旋转角度只能是 90°的整数倍。直接单击旋转按钮，则以 90°为递增量旋转。

翻转：**↔ ↕** 完成水平翻转和垂直翻转。

使用方法：先右击元件，再单击相应的旋转按钮。多个元件的旋转用块操作来实现。

（3）仿真进程控制按钮

仿真进程控制按钮 **▶ ▐▶ ▐▐ ■** 主要用于交互式仿真过程的实时控制，从左到右依次是：运行、单步运行、暂停、停止。

（4）状态栏

指示当前电路图的编辑状态以及当前鼠标指针坐标的位置以英制显示在屏幕的右下角。

（5）工具栏分类及其工具按钮

工具栏分类及其工具按钮见表 1-6，各自功能分述如下。

表 1-6　　　　　　　　　　　　　　工具栏分类及其工具按钮

工具栏	命令工具栏	文件操作	
		显示命令	
		编辑操作	
		设计操作	
	模式选择工具栏	主模式选择	
		小型配件	
		2D 绘图	
	方向工具栏	转向	
	仿真工具栏	仿真进程控制	

① 文件操作按钮 　　　。

从左到右依次如下所述。

新建：在默认的模板上新建一个设计文件。

打开：装载一个新设计文件。

保存：保存当前设计。

导入：将一个局部（Section）文件导入 ISIS 中。

导出：将当前选中的对象导出为一个局部文件。

打印：打印当前设计。

区域：打印选中的区域。

② 显示命令按钮 　　　。

从左到右依次为：显示刷新、显示/不显示网格点切换、显示/不显示手动原点、以鼠标所在的点为中心进行显示、放大、缩小、查看整张图、查看局部图。

③ 编辑操作按钮 　　　。

从左到右依次为：撤销最后的操作（Undo）、恢复最后的操作（Redo）、剪切选中的对象（Cut）、复制到剪贴板（Copy）、从剪贴板粘贴（Paste）、复制选中的块对象（Block Copy）、移动选中的块对象（Block Move）、旋转选中的块对象（Block Rotate）、删除选中的块对象（Block Delete）、从元件库中选取元件（Pick Device/Symbol）、把原理图符号封装成元件（Make Device）、对选中的元件定义 PCB 封装（Package Tool）、把选中的元件打散成原始的组件（Decompose）。

④ 设计操作按钮 　　　。

从左到右依次为：自动布线（Wire Auto-router）、查找并选中（Search & Tag Property）、属性标注工具（Assignment Tool）、设计管理器（Design Explorer）、新建绘图页（New Sheet）、删除当前页

（Delete Sheet）、转入子设计页（Zoom to Child）、材料清单（Bill of Material）、电气规则检查（Electrical Rules Check）、导出网表进入 PCB 布图区（Netlist to Area）。

⑤ 主模式选择按钮。

从左到右依次为：选择元器件（Component，默认选择）、放置连接点（Junction Dot）、放置标签（Wire Label）、放置文本（Text Script）、画总线（Bus）、画子电路（Sub-Circuit）、即时编辑模式（Instant Edit Mode）。

⑥ 小型配件按钮。

从左到右依次为：连接端子（Terminal，有 V_{CC}、地、输入、输出等）、元器件引脚（Device Pin，用于绘制各种引脚）、仿真图表（Simulation Graph，用于各种分析）、录音机、信号发生器（Generator）、电压探针（Voltage Probe）、电流探针（Current Probe）、虚拟仪表（Virtual Instruments）。

⑦ 2D 绘图按钮。

从左到右依次为：画各种直线（Line）、画各种方框（Box）、画各种圆（Circle）、画各种弧（Arc）、画各种多边形（2D Path）、画各种文本（Text）、画符号（Symbol）、画原点（Marker）。

1.3 Proteus 设计与仿真基础

1.3.1 单片机系统的 Proteus 设计与仿真的开发过程

Proteus 强大的单片机系统设计与仿真功能，使之成为单片机系统应用开发和改进手段之一，开发的整个过程都是在计算机上完成的，其过程一般分为如下 3 步。

（1）Proteus 电路设计

在 ISIS 平台上进行单片机系统电路设计、选择元器件、接插件、连接电路、电气规则检查等。

（2）Proteus 源程序设计和生成目标代码文件

在 ISIS 平台上或借助第三方编译工具进行单片机系统程序设计、编辑、汇编编译、代码级调试，最后生成目标代码文件（*.hex）。

（3）Proteus 仿真

在 ISIS 平台上将目标代码文件加载到单片机系统中，由此实现系统实时交互与协同仿真。

1.3.2 ISIS 鼠标使用规则

在 ISIS 中，鼠标操作与传统的方式不同，右键选取、左键编辑或移动。

① 右键单击——选中对象，此时对象呈红色；再次右击已选中的对象，即可删除对象。

② 右键拖曳——框选一个块的对象。

③ 左键单击——放置对象或对选中的对象编辑属性。

④ 左键拖曳——移动对象。

⑤ 按住鼠标中心键滚动——以鼠标停留点为中心，缩放电路。

1.3.3　Proteus 文件类型

Proteus 中主要的文件类型有以下几种。

① 设计文件（*.DSN）：包含了一个电路所有的信息。

② 备份文件（*.DBK）：保存覆盖现有的设计文件时而产生的备份。

③ 局部文件（*.SEC）：设计图的一部分，可输出为一个局部文件，以后可以导入到其他的图中。在文件菜单中以导入（Import）、导出（Export）命令来操作。

④ 模型文件（*.MOD）：包含了元器件的一些信息。

⑤ 库文件（*.LIB）：包含元器件和库。

⑥ 网表文件（*.SDF）：输出到 PROSPICE AND ARES 时产生的文件。

1.3.4　单片机系统的 Proteus 设计与仿真实例

为更快掌握单片机 Proteus 设计与仿真操作，举一简单实例，用 Proteus 设计一个 AT89C51 单片机简单系统并实时交互仿真，该系统用按键通过单片机控制 LED 发光二极管发光。

设 LED 发光二极管的初始状态为灭，按一下按键，LED 灭，再按，LED 亮，如此循环，亮灭交替。该简单实例的电路原理图如图 1-3 所示。

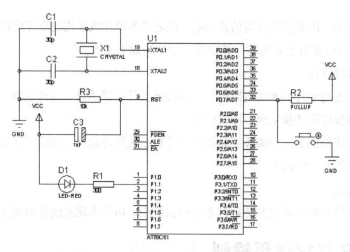

图 1-3　"简单实例"的电路原理图

根据单片机系统的 Proteus 设计与仿真开发设计流程，具体步骤如下。

1.　Proteus 电路设计

根据图 1-3 所示的电路原理图设计其电路，整个设计都是在 ISIS 编辑区中完成。

（1）新建设计文件

运行 ISIS，它会自动打开一个空白文件，或者选择工具栏中的 按钮，也可以执行菜单命令：

"File"→"New Design"，在图 1-4 创建新设计文件对话框中选择创建新设计文件的模板（本电路我们选择的是 DEFAULT 默认模板），单击"OK"按钮，创建一个空白文件。不管哪种方式新建的设计文件，其默认文件名都是 UNTITLED.DSN，其图纸样式都是基于系统的默认设置，如果图纸样式有特殊要求，用户可以从 System 菜单进行相应的设置（如要设定图纸大小，可在 System 菜单下的 Set Sheet Size 进行选择）。

单击按钮 🖫，弹出"Save ISIS Design File"对话框，选择好设计文件的保存地址后，在文件名框中输入设计文件名（本实例的文件名取为 START），再单击"保存"按钮，则完成新建设计文件操作，其扩展名自动为.DSN。

图 1-4　创建新设计文件对话框

（2）选取元器件并添加到对象选择器中

本例所需元器件名称及包含该元器件的元器件库名称见表 1-7。

表 1-7　　　　　　　　　图 1-3 电路所用元器件列表

元器件名称	元器件库名称	元器件名称	元器件库名称
单片机 AT89C51	Microprocessor ICS	晶振 CRYSTAL	Miscellaneous
按钮 BUTTON	Switches&Relays	发光二极管 LED-RED	Optoelectronics
瓷片电容 CAP	Capacitors	上拉电阻 PULLUP	Modelling Primitives
电解电容 CAP-ELEC	Capacitors	电阻 RES	Resistors

选择主模式工具栏中的 ➼ 按钮，并选择如图 1-5 所示对象选择器中的 P 按钮，出现图 1-6 所示的选择元器件对话框。另外直接单击编辑工具栏中的 🔍 按钮，或者使用快捷键 P（ISIS 系统默认的快捷键，表示 Pick），同样会出现图 1-6 所示的选择元器件对话框。

图1-5　对象选择器中的P按钮

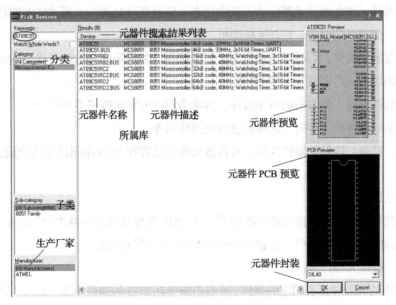

图 1-6　选择元器件对话框

在其左上 "Keywords" 一栏中输入元器件名称 "AT89C51"，则会出现与关键字匹配的元器件列表，选中并双击 AT89C51 所在行或单击 AT89C51 所在行后，再单击"OK"按钮，便将器件 AT89C51 加入到 ISIS 对象选择器中。按此操作方法完成其他元器件的选取，将本例中所用的元器件都加入到 ISIS 对象选择器中，如图 1-7 所示。

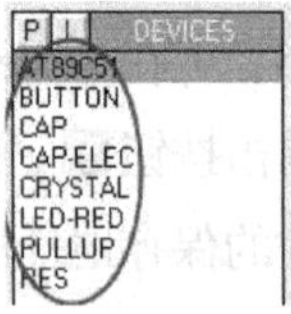

上述元器件的查找是通过元器件的关键字进行查找。关键字可以是对象的名称（全名或其部分）、描述、分类、子类，甚至是对象的属性值。若搜索结果相匹配的元器件太多，可以通过限定分类、子类来缩小搜索范围。如要找 12K 电阻，可以在 Keywords 编辑框中输入 12K，并用鼠标单击 Resistors 库，可以很大程度地限制系统查找结果。元器件的

图 1-7 选取元器件均加入到
ISIS 对象选择器中

查找还可以通过分类进行查找，以元器件所属大类、子类甚至生成厂家为条件一级一级地缩小范围进行查找。在具体操作时，常将这两种方法结合使用。

（3）图纸栅格设置

在 ISIS 编辑区内有点状的栅格，可以通过 View 菜单的 Grid 命令在打开和关闭间切换。点与点之间的间距由当前的捕捉设置决定，捕捉的尺度也是移动元器件的步长单位，可根据需要改变这一单位。单击菜单 View 后，在其下拉菜单中单击所需要的捕捉栅格单位即可，如图 1-8 所示。或者直接使用快捷键 F4、F3、F2 和 CTRL+F1 组合键进行相关选择。

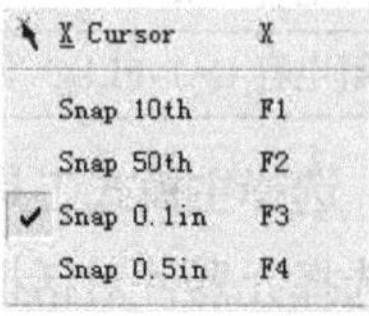

若要确切地看到捕捉位置，可以使用 View 菜单的 X-Cursor 命令，选中后将会在捕捉点显示一个小的或大的交叉十字。

（4）元器件放置与布局

单击 ISIS 对象选择器中的元器件名，蓝色条出现在该元器件名上。把鼠标移动到编辑区某位置后，单击就可放置元器件于该位置，每单击一次，就放置一个元器件。

图 1-8 捕捉栅格单位选择

要移动元器件，先右击使元器件处于选中状态（即高亮度状态），再按住左键拖动，元器件就跟随指针移动，到达目的地后，松开鼠标即可。

对于误放置的元器件，右键双击该对象，即可删除，如果不小心进行了误删除操作，可以通过编辑工具栏中的 "Undo" 按钮 ↺ 进行恢复。

要调整元器件方向，先右击选中元器件，再单击相应的转向按钮 ↻↺ [0] ↔↕ 。

若多个对象一起移动或转向，选择相应的块操作命令。

通过放置、移动、旋转元器件操作，可将各元器件放置在 ISIS 编辑区中的合适位置，如图 1-9 所示。

（5）放置电源和地

单击模式选择工具栏中的连接端子按钮 🖃，在 ISIS 对象选择器中单击 POWER（电源），在编辑区要放置电源的位置单击即可，放置 GROUND（地）的操作类似。

（6）设置、修改元器件属性

Ptoteus 库中的元器件都有相应的属性，可右击放置在 ISIS 编辑区中的元器件（显示高亮度）后，在弹出的对话框中选择 "Edit Properties"，打开编辑元器件属性窗口。或直接左键双击目标元器件，

打开编辑元器件属性窗口。在属性窗口中设置、修改其属性。图 1-10 所示为发光二极管的限流电阻的编辑对话框。

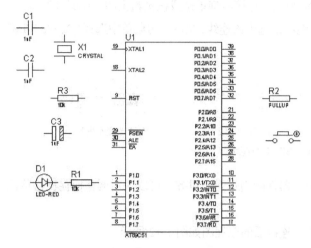

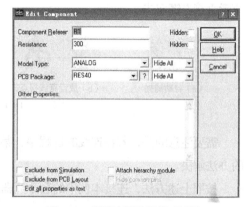

图 1-9　各元器件放置在 ISIS 编辑区中的合适位置　　　　图 1-10　限流电阻的编辑对话框

① Component Referer 表示元器件在原理图中的参考号，用户可直接在编辑框中输入其他参考号；

② Resistance 表示该元器件的电阻标称值，本例中将阻值改为 300Ω，单击"OK"按钮，结束对元器件的属性编辑。

图 1-10 中的两个 Hidden 项决定着它前面的各项是否出现在原理图中，在一些设计紧凑的原理图中，为了图面的简洁，设计者可能使元器件的这些属性变为隐藏，用户需要通过该选项的设置来查看元器件的相关信息。

对于元器件标签，可以按照移动元器件的方法，移动标签到合适位置，右击选中元器件，并用左键按住待移动标签项，拖动左键到合适位置放开，然后取消元器件的选中状态。

按照上述步骤，依次更改电路中的 C1、C2 的电容值为 30pF。

（7）电路图连线

ISIS 编辑环境没有提供专门的连线工具，省去了用户选择连线模式的麻烦。Proteus 具有实时捕捉功能，即当鼠标指针指向管脚末端或者导线时，鼠标指针将会被捕捉到。该功能可以方便实现导线和管脚的连接。如图 1-11（a）所示，当光标靠近引脚或线时该处会自动出现一个绿色笔，表示从此点可以单击画线。

① 自动连线。直接单击两个元器件的连接点，ISIS 即可自动定出走线路径并完成两连接点的连线操作。

② 手工调整线形。如果想自己决定走线路径，只需单击第一个元器件的连接点，然后在希望放置拐点的地方单击，最后单击另一个元器件的连接点即可，放置拐点的地方会呈"×"样式，如图 1-11（b）所示。

③ 移动连线。左键单击选中连线，鼠标指针变为双箭头，表示可沿垂直于该线的方向移动，如图 1-11（c）所示，此时拖动鼠标，选中的画线会跟随移动。

④ 改变连线形状。只要按住拐点或斜线上任意一点，鼠标指针变为四向箭头，表示可以任意角度拖动连线，如图 1-11（d）所示。

⑤ 取消画线。在画线的过程中，若要取消画线，直接右键单击或按键盘上的"Esc"键。

⑥ 删除连线。若要删除某段连线，可以右键单击选中该连线，在弹出的菜单中选择"Delete Wire"或者直接右键双击。

   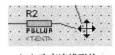

　　（a）自动捕捉　　　　　（b）放置直线拐点　　　　　（c）移动连线　　　　　（d）改变连线形状

图 1-11　ISIS 中的连线

需要注意的是，若在连线的过程中，某个元器件的引脚无法对齐，可以采用调整捕捉栅格单位的办法解决。

按照上述方法，连接本例中的各个元器件，连接后的原理图如图 1-12 所示。

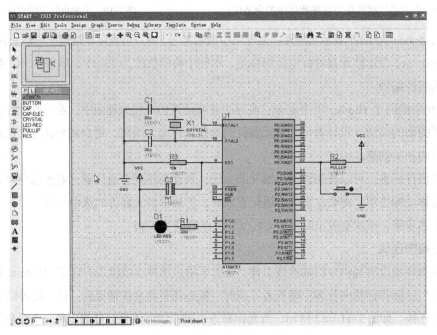

图 1-12　设计完毕的电路图

（8）电气规则检查

设计电路完成后，单击电气规则检查按钮，会出现检查结果窗口。窗口前面是一些文本信息，接着是电气检查结果列表，若有错，会有详细的说明。也可以通过菜单"Tools"→"Electrical Rule Check…"，完成电气规则检查。

（9）生成网络表文件

原理图设计包括两个方面：一个是图形设计，另一个是电气设计。生成网络表文件实际上就是提取原理图中的电气数据，并按一定的格式输出。ISIS 默认的网络表输出格式是 SDF，表示 Schematic Description Format。同时支持用户选择另外 10 种网络表输出格式以便日后在第三方编辑软件下运行，如图 1-13 的 Format 框中所示，在该对话框中同时可以设置网络表的输出形式、模式、范围和深度。

执行菜单命令"Tools"→"Netlist Compiler"，在图 1-13 中，按照默认设置直接单击"OK"按钮生成网络表，其主要内容包括两个方面：一是原理图中各个元器件的电气属性；二是原理图中各个网络的电气属性，在 ISIS 中彼此互连的一组元件引脚称为一个网络（Net）。

（10）标题栏、说明文字和头块的放置

一般在设计图中都应该有一个标题栏和说明文字用来说明该电路的功能以及一个头块来说明诸如设计名、作者、设计日期等信息。

① 标题栏的放置步骤。选择 2D 图形模式工具栏中的 **A** 图标，在对象选择器中选择 MARKER 项即可弹出如图 1-14 所示对话框，在 String 文本框中直接输入标题名称"Proteus 简单实例——START"，或者输入"@DTITLE"（表示该文本框的值），此值可以通过执行菜单命令"Design"→"Edit Design Properties"对话框中的 Title 文本框取得。在图 1-14 所示对话框中可以设置标题栏的位置、字体样式、字高、粗体、斜体、下画线和突出显示等，在下方的示例区可以预览用户所选择的样式。

图 1-13 网络表设置对话框

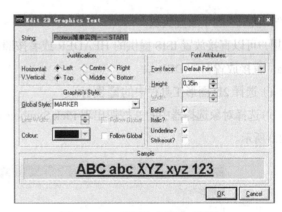

图 1-14 2D 图形文本编辑对话框

选择好标题样式后，单击"OK"按钮，即可实现图 1-15 所示的标题。若要修改标题内容，则需右击标题，弹出如图 1-16 所示的菜单，操作图示三项分别表示：移动标题、编辑标题和删除标题。

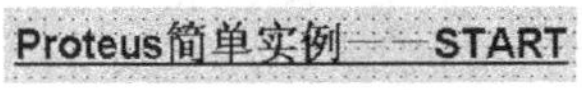

Proteus 简单实例——START

图 1-15 设计的标题

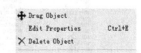

图 1-16 右击标题弹出的菜单

② 说明文字的添加步骤。

（a）选择 2D 图形工具栏中的 ■ 图标，在原理图中拖放出一个标题块区域。

（b）右击选中该对象，在弹出的菜单中选择"Edit Properties"，按图 1-17 编辑该 BOX 属性。

（c）选择主模式工具栏中的 图标，在上述标题块区域单击，在弹出的对话框中输入说明性文字。如图 1-18 所示，选择 Style 选项，可对文字样式进行设置。

按照上述设置，本例中所添加的说明文字如图 1-19 所示。

图 1-17   编辑 BOX 属性的对话框

图 1-18   文本编辑对话框

③ 在原理图中放置头块。

用户可以直接放置 ISIS 提供的 HEADER 或者按照放置标题块区域自行设计头块格式。

a．直接放置 HEADER 块。

（a）选择 2D 图形工具栏中的 ▤ 图标。

该系统用按键通过单片机控制LED发光

（b）选择对象选择器中的 P 按钮出现 Pick Symbols 对话框，如

图 1-19   添加的说明文字

图 1-20 所示。

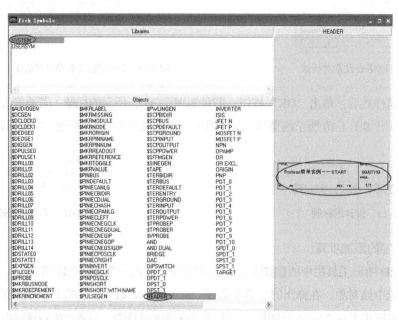

图 1-20   选择 HEADER 头块对话框

（c）在 Libraries 中选择 SYSTEM，在 Objects 中选择 HEADER。初次使用若不能在 Objects 中找到 HEADER，可以先关掉此窗口，单击选择对象选择器中的 L 按钮，将 HEADER 加入即可。

（d）在原理图编辑窗口合适位置单击放置头块，头块包含图名、作者、版本号、日期和图纸页数。其中日期和图纸页数 ISIS 自动填写，其他各项需要通过编辑设计属性来填写。

（e）执行菜单命令"Design"→"Edit Design Properties"，在弹出的对话框中填写头块中相关项目的具体信息。

按照上述设置进行设置后，头块如图 1-21 所示。

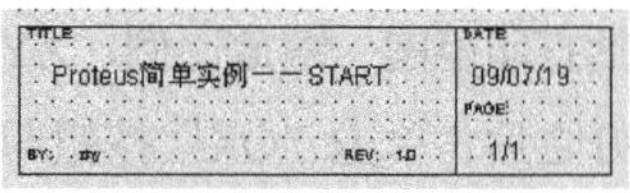

b.　自行设计头块。

图 1-21　设计完成的头块

按照添加标题块同样的步骤，可以自行设计头块，该方法非常适用于放置公司 Logo 等个性化设计。步骤如下：

（a）选择 2D 图形工具栏中的■图标，在原理图中拖放出一个标题块区域，并按照具体设计要求编辑该二维图形区域属性。

（b）选择主模式工具栏中的▦图标，在上述标题块区域单击，在弹出的对话框中输入头块项目所包含的信息。对于不同样式的文字要求，可以多次使用▦图标进行输入，并选择 Style 按钮设置字体样式、文字颜色、粗细、下画线、斜体等具体样式。

按照添加标题块和自行设置头块的方法对本例进行修饰，结果如图 1-22 所示。

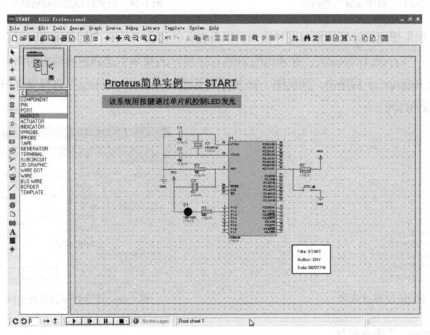

图 1-22　添加标题块和头块之后的设计图

（11）存盘及打印输出文件

原理图设计完毕之后，执行菜单命令"File"→"Save Design as"，选择文件保存路径和文件名，进行存盘。

　　除了应当在计算机中保存之外，往往还要将原理图通过打印机输出，以便设计人员进行检查校对、参考和存档。利用打印机输出原理图步骤如下：

　　① 执行菜单命令 "File" → "Printer setup..."，设置打印机，主要是选择用户安装的打印机以及选择输出图纸的大小和图纸来源，如图 1-23 所示。

　　② 设置好打印机之后，执行菜单命令 "File" → "Print"，设置打印选项，如图 1-24 所示，包括打印范围、缩放比例、XY 补偿比例、图纸方向以及选择是黑白还是彩色样式打印。各项都设置好之后，单击 "OK" 按钮即可打印图纸，打印出的原理图将不显示栅格。

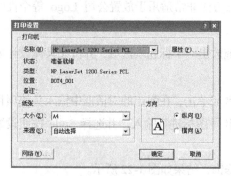

图 1-23　"打印设置"对话框

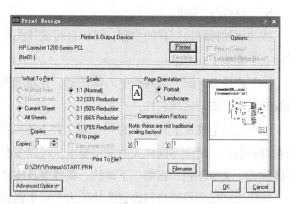

图 1-24　设置打印选项对话框

　　另外，如果想把设计好的原理图导出来，以备在其他诸如 Word 文档等使用，可以执行菜单命令 "File" → "Export Graphics"，在弹出的如图 1-25 所示的菜单中选择想要输出的图形格式（本例选择 Export Bitmap...）后单击，弹出图 1-26 所示对话框，单击 "Filename" 选择保存图片名后，单击 "OK" 按钮即可。

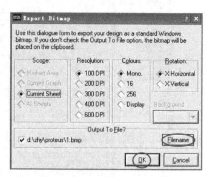

图 1-25　输出图形格式选择

图 1-26　设置打印选项对话框

2. Proteus 源程序设计

（1）加载源程序文件

　　单击 ISIS 菜单 Source（源程序），弹出下拉菜单如图 1-27 所示。单击 "Add/Remove Source File..."（添加/移除源程序）选项，弹出如图 1-28 所示对话框，单击 "Code Generation Tool"（目标代码生成工具）下方框按钮 ▾，弹出下拉菜单，选择代码生成工具 "ASEM51"（51 系列及其兼容系列汇编器）。

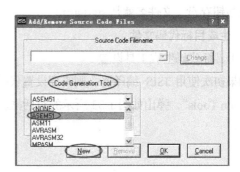

图 1-27　添加源程序菜单　　　　　　图 1-28　"Add/Remove Source File…"对话框

若"Source Code Filename"（源程序文件名）下方框中没有期望的源程序文件，则单击"New"按钮，弹出如图 1-29 所示的对话框，在对话框中输入新建源程序文件名 start.asm（本实例的源程序名）后，单击"打开"按钮，会弹出图 1-29 所示的小对话框，单击"是"按钮，新建的源程序文件就添加到图 1-28 中的"Source Code Filename"下方框中，如图 1-30 所示。同时在菜单 Source 中也将出现源程序文件 start.asm，如图 1-31 所示。

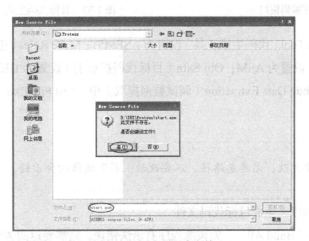

图 1-29　新建源程序文件

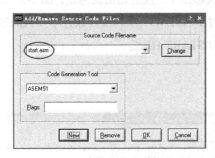　　　　　　　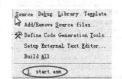

图 1-30　添加源程序结果　　　　　　图 1-31　源程序文件加载到 ISIS

（2）编辑源程序

单击菜单"Source"→"start.asm"，在图 1-32 的源程序编辑窗口中编辑源程序。编辑无误后，单击🖫按钮存盘，文件名就是 start.asm。

3. 生成目标代码文件

（1）目标代码生成工具设置

如果初次使用 ISIS 编译器，则需要设置代码生成工具，单击菜单"Source"→"Define Code Generation Tools"，弹出如图 1-33 所示的对话框。

图 1-32　源程序编辑窗口　　　　　　　　图 1-33　目标代码生成工具设置

其中，Code Generation Tool（代码生成工具）设置为 ASEM51；Make Rules（生成规则）栏中，Source Extn（源程序扩展名）设置为 ASM；Obj Extn（目标代码扩展名）设置为 HEX；Command Line（命令行）设置为%1；Debug Data Extraction（调试数据提取）中，List File Extn（列表文件扩展名）设置为 LST。

 其他不要更改，尤其是路径，不要改动，否则编译时会出错。

（2）汇编编译源程序、生成目标代码文件

单击"Source"→"Build All"，如果源程序有语法错误，则需要返回去修改源程序文件，如图 1-34 所示，此时程序有错误，可根据编译日志提示来调试源程序，直至无错误为止，图 1-35 所示为没有错误的编译日志对话框，同时生成目标代码文件。对于 ASEM51 系列及其兼容单片机而言，目标代码文件格式为*.HEX。本例所生成的目标代码文件为 START.HEX。

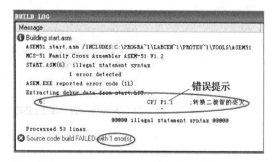

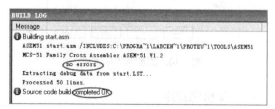

图 1-34　程序有错误的编译结果提示信息　　　　　图 1-35　编译通过的提示信息

4. 加载目标代码文件、设置时钟频率

右击选中 ISIS 编辑区中单片机 AT89C51，再单击打开其属性窗口，在其中的 "Program File" 右侧框中输入目标代码文件（目标代码文件与 DSN 文件在同一目录下，直接输入代码文件名即可，否则要输入完整的路径。或者单击本栏打开 🗐 按钮，选取目标文件），本例的目标代码文件名为 START.HEX，如图 1-36 所示。

在 Clock Frequency（时钟频率）栏中设置 12MHz，仿真系统则以 12MHz 的时钟频率运行。因运行时钟频率以单片机属性设置中的时钟频率为准，所以在编辑区设计以仿真为目标的 MCS-51 系列单片机系统电路时，可以略去单片机时钟振荡电路部分。另外，对 MCS-51 系列单片机而言，复位电路部分也可以略去，EA 引脚也可以悬空。但如要进行电气规则检查，则不能悬空 EA 引脚，否则提示出错信息。

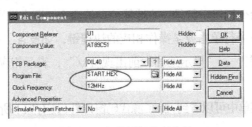

图 1-36 加载目标代码文件

5. 单片机系统的 Proteus 交互仿真

单击仿真按钮中的 ▶ 按钮，则会全速仿真，状态栏会有如下仿真信息：

❶ 5 Message(s) | ANIMATING: 00:00:03.600000 (CPU load 11%)

仿真运行开始，LED 灭，可用鼠标单击图 1-37 中的按钮，实现交互仿真。单击一次按钮，通过单片机使 LED 变亮，再次单击按钮，LED 变灭。如此循环，LED 亮灭交替。若单击仿真停止按钮 ■，则终止仿真。

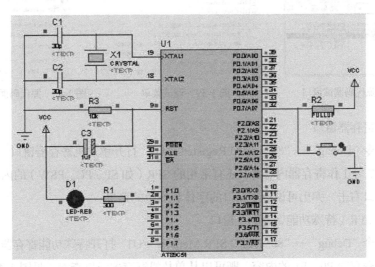

图 1-37 本实例全速仿真图片段

1.3.5 单片机系统的 Proteus 源代码级调试

1. 调试窗口及调试菜单

单击仿真按钮中的 ▶ 按钮，启动仿真。在全速运行时不显示调试窗口，单击暂停按钮 ⏸ ，弹出源代码调试窗口，如图 1-38 所示。若未出现，再单击菜单 Debug（调试），在弹出如图 1-39 所示的下拉菜单中选择"8051 CPU Source Code – U1"，即可显示图 1-38 所示的源代码调试窗口，光标停在下一条要执行的指令行"ST1: JB P0.7,$"处。在调试窗口右上角有 5 个调试按钮 ，从左到右分别表示：全速执行、单步执行、跟踪执行、跳出执行和运行到鼠标所在行， 表示设置/清除断点。要查看其他窗口，在相应的调试项所在行上单击，该项前出现"√"，表示已打开相应的窗口。

在调试窗口中右击可弹出其快捷菜单，如图 1-40 所示。其中，有快速移动光标的 Goto 命令；有断点操作的命令；有在指令行显示行号、地址等信息的命令；还有设置显示字体、颜色等的命令。在操作时可选择菜单相应命令行单击或是操作相应的快捷键，如设置、清除断点按 F9 键快速操作。图 1-40 中"加载时固定断点"、"显示地址"前出现"√"，表示相应的显示内容已经打开。

2. 存储器窗口

在图 1-39 所示的调试菜单中可以看到，除了源代码窗口外，还有如下所述的 3 个单片机存储器窗口。

图 1-38 源代码调试窗口　　　　图 1-39 调试菜单　　　　图 1-40 源代码调试窗口的快捷菜单

（1）单片机寄存器窗口

执行菜单命令"Debug"→"8051 CPU Registers – U1"打开单片机寄存器窗口，如图 1-41 所示。其中除有 R0～R7 等工作寄存器内容外，还有常用的 SFR（如 SP、PC、PSW）的内容和将要执行的指令等。在本窗口右击，弹出可设置本窗口的字体和颜色的菜单。

（2）单片机 SFR（特殊功能寄存器）窗口

执行菜单命令"Debug"→"8051 CPU SFR Memory – U1"打开特殊功能寄存器窗口，如图 1-42 所示。若要查看寄存器 P0、P1 的内容，既可以从单片机寄存器窗口查看（见图 1-41 左边窗口），也可以从 SFR 窗口中查看（见图 1-42 左边窗口）。

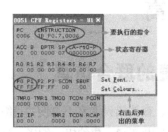

图 1-41 单片机寄存器窗口

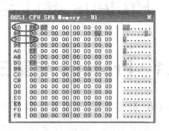

图 1-42 单片机 SFR 窗口

（3）单片机内部数据存储器窗口

执行菜单命令"Debug"→"8051 CPU Internal（IDATA）Memory – U1"打开单片机的内部数据存储器窗口，如图 1-43 所示。

在 SFR、IDATA 窗口中右击可弹出设置本窗口的快捷菜单，可以方便地快速移动显示内容，还可以设置存储单元内容的显示类型、显示格式以及设置显示字体、颜色等。

3. 设置断点调试

暂停仿真后，调出源代码调试窗口，可在适当的位置设置断点，以使仿真暂停，观察各窗口。单击要设置断点的行后，出现光条，再单击源代码调试窗口右上角中的按钮 ♣♣，即可设置断点，或者在要设置断点的行双击均可设置断点。有效断点以实心圆标示，无效断点以空心圆标示。若在有效断点的行连续双击，或者单击有效断点行，连续单击按钮 ♣♣，则可以在有效断点、无效断点和清除断点之间切换。如图 1-44 所示，在第 5 行和第 6 行分别设置了一个有效断点和无效断点。

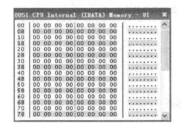

图 1-43 单片机内部数据存储器寄存器窗口

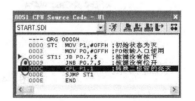

图 1-44 在程序中设置断点

4. 观察窗口

通过调试菜单打开单片机的各个存储器窗口比较分散，且同时出现在计算机的屏幕上也太拥挤，而且这些窗口在连续仿真运行时不会出现，只在暂停时才出现。而 Watch Window（观察窗口）可以与仿真运行时实时显示，其中的观察对象可以是单片机内部的 RAM 任一单元。

执行菜单命令"Debug"→"Watch Window"打开空白的观察窗口，如图 1-45 所示，在观察窗口内右击，弹出其快捷菜单，可以添加、删除观察项，设置观察项的数据类型，设置显示观察项的地址，变化前的值以及观察窗口的字体、颜色等。

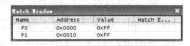

图 1-45 观察窗口

1.4　Proteus 设计与仿真应用与提高

1.4.1　Proteus 与第三方集成开发环境的联合仿真

Proteus 自带的编译器不是很理想，如在源程序编译出错时，查找错误非常不方便，且编辑器对汉字的支持也不好。目前众多单片机开发软件都有一个集成的开发环境，集编辑、编译、调试于一身，如伟福软件、Keil 的 μVision 和 Atmel 的 AVR studio 等。使用这些集成开发环境很容易编辑源程序并编译生成可执行文件，并可将其加载到 Proteus 电路中的 MCU 中，然后再在 Proteus VSM 中进行仿真，也可利用 Keil 和 Proteus 联合搭建仿真平台。

1. 加载 WAVE（伟福）软件产生的 HEX 程序文件

WAVE 软件有 DOS 版本和 Windows 版本，其 Windows 版本调试软件将编辑、编译、下载、调试全部集中在一个环境下，界面统一，可单独进行软件模拟，所有操作均可通过窗口和菜单的选择来完成。方便用户编写和调试软件，直观反映程序运行情况，提高软件开发效率。支持汇编语言、C、PLM 高级语言源程序调试。可观察数组、记录等各种复杂变量。以前面所介绍的简单实例的源程序为例，介绍加载 WAVE 软件产生的 HEX 程序文件的步骤。

（1）打开 WAVE 软件

打开 WAVE 安装软件的 BIN 文件夹后，双击 wave.exe 文件，即可弹出如图 1-46 所示的界面。

图 1-46　WAVE 软件打开界面

（2）编写源程序

执行菜单命令"文件"→"新建文件"或单击工具栏的按钮，出现一个文件名为 NONAME1 的源程序窗口，在此窗口中输入源程序。需要说明的几点如下。

① 调整主窗口中各窗口的边缘线，可以将编辑窗口调整至最大。

② 在编辑框中可像一般的文本编辑软件一样编辑程序，能通过复制、剪贴、粘贴等功能对程序进行修改。

③ 源程序除可以在 WAVE6000 的编译环境下编辑、录入，还可以在 Word、记事本或写字板环境下录入、编辑和修改，并复制到伟福编辑器中进行编译，但在编译前须将文件存为*.asm 的格式。

本例编辑好的源程序如图 1-47 所示。

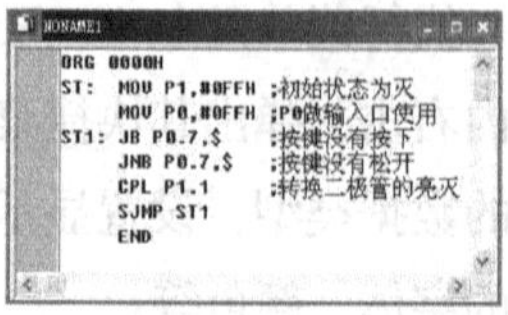

图 1-47　源程序编写完成界面

（3）保存源程序

执行菜单命令"文件"→"保存文件"或"文件"→"另存为"，给出文件所要保存的位置和文件名，本例所取文件名为 START，保存文件。

（4）新建项目

执行菜单命令"文件"→"新建项目"，新建项目会自动分为如下三步。

① 加入模块文件。在加入模块文件对话框中选择刚才保存的文件 START.ASM，按"打开"按钮，如图 1-48 所示。如果是多模块项目，可以同时选择多个文件再打开。

② 加入包含文件。在加入包含文件对话框中，选择所要加入的包含文件（可多选）。如果没有包含文件，按"取消"按钮，如图 1-49 所示。

图 1-48　加入模块文件

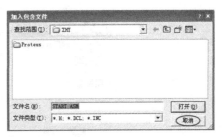

图 1-49　加入包含文件

③ 保存项目。在保存项目对话框中输入项目名称。注意：项目名称一定要和模块文件名一致，且不要加后缀名，本例中输入"START"，软件会自动将后缀设成".PRJ"。按"保存"按钮，将项目保存在与源程序相同的文件夹下。项目保存好后，如果项目是打开的，可以看到项目中的"模块文件"已有一个模块"START.ASM"，且窗口最上面也将显示项目名。如果项目窗口没有打开，可以执行菜单命令"窗口"→"项目窗口"来打开。打开的项目窗口如图 1-50 所示。

（5）设置仿真器

执行菜单命令"设置"→"仿真器设置"或双击项目窗口的第一行来打开如图 1-51 所示的"仿真器设置"对话框。

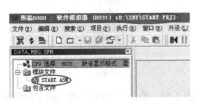

图 1-50　打开的项目窗口

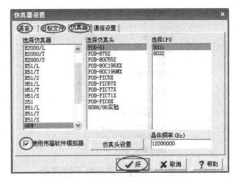

图 1-51　仿真器设置对话框

在"仿真器"栏中，由于这里不需要仿真器，因此无需配置，只要在"使用伟福软件模拟器"

前打"√"即可。在"语言"栏中，选择相应的编译器，本例的源程序选择为"伟福汇编器"。如果你的程序是 C 语言或 INTEL 格式的汇编语言，可根据安装的 Keil 编译器版本选择"Keil C (V4 或更低)"还是"Keil C (V5 或更高)"。在"目标文件"栏中，在"生成 HEX 文件"前打"√"，其他默认即可。然后按"好"键确定。当仿真器设置好后，可再次保存项目。

（6）编译程序

执行菜单命令"项目"→"编译"或按工具栏编译快捷图标 🔤 或按 F9 键，编译项目。在编译过程中，如果有错可以在信息窗口（通过菜单"窗口"→"信息窗口"调出）中显示出来，双击错误信息，可以在源程序中定位所在行。纠正错误后，再次编译直到没有错误。在编译之前，软件会自动将项目和程序存盘，如图 1-52 所示。在编译没有错误后，就可调试程序了。

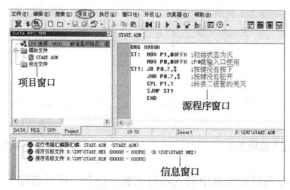

图 1-52　编译源程序

（7）调试程序

WAVE 软件在调试程序时可以采用单步、跟踪、设置断点、程序运行至光标处（按 F4）、全速运行等软件调试方法，可以通过菜单"执行"的下拉菜单进行相关选择，如图 1-53 所示，这里不做详细叙述，读者可以查阅相关资料。

在调试程序时，还可利用 WAVE 软件提供的很多窗口。选择菜单"窗口"会弹出如图 1-54 所示的下拉菜单，用户可以根据需要进行相关选择，也可通过工具栏中的图标 🔲 🔲 🔲 🔲 🔲 🔲 🔲 进行选择。

图 1-53　单击"执行"弹出的下拉菜单

图 1-54　单击"窗口"弹出的下拉菜单

（8）在 Proteus 中加载程序文件

在 Proteus 中加载 WAVE 软件产生的 HEX 文件与用 Proteus 自带编译器产生的 HEX 文件的操

作方法相同，右击选中 ISIS 编辑区中单片机 AT89C51，再单击打开其属性窗口，打开 "Program File" 右侧框中的 按钮，选取 WAVE 所产生的程序文件，其他步骤与前面相同即可。

需要特别强调的是，加载 WAVE 软件产生的.HEX 文件能够在 Proteus 平台中正常运行，但是不会有源程序代码出现，用户在使用过程中尽量将两个软件同时打开，在 WAVE 软件中调试程序，在 Proteus 平台观察程序运行结果。

2. Keil 软件与 Proteus 的结合搭建仿真平台

Keil 软件是目前最流行的单片机开发软件，从近年来各仿真机厂商纷纷宣布支持 Keil 即可看出。Keil 提供了包括 C 编译器、宏汇编、链接器、库管理和一个功能强大的仿真调试器等在内的完整开发方案，通过一个集成开发环境（μVision）将这些部分组合在一起。如果是以 C51 编写源程序，那么 Keil 将是最好的选择。仍以前面所介绍的简单实例的源程序为例，介绍加载 Keil 软件产生的 OMF51 程序文件的步骤。

（1）Keil 的安装、运行

Keil 的安装和其他软件安装一样，需要说明的是在安装完 Keil μV2 或 Keil μV3 之后，要安装μV2 或μV3 的驱动，μV2 只针对 8051，μV3 针对 8051 和 ARM。这里以 Keil μV3 为例说明。安装完成运行 Keil，弹出如图 1-55 所示的主界面。

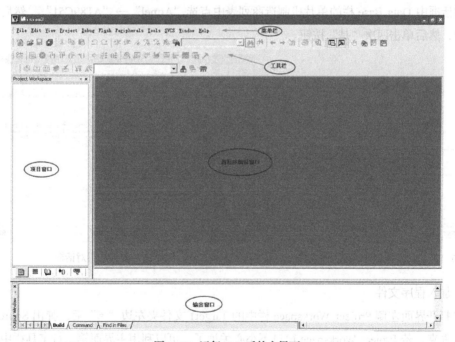

图 1-55　运行 Keil 后的主界面

Keil 的主界面主要由菜单栏、工具栏、源程序编辑窗口、项目窗口和输出窗口 5 部分组成。工具栏为一组快捷工具图标，主要包括基本文件工具栏、创建（Build）工具栏和调试（Debug）工具栏，基本文件工具栏包括新建、打开、拷贝和粘贴 4 种操作。创建工具拦主要包括文件编译、目标文件编译链接、所有目标文件编译链接、目标选项和一个目标选择窗口。调试工具栏位于最后，主要包括一些仿真调试源程序的基本操作，如单步、复位、全速运行等。在工具栏下面，默认有 3 个窗口。左侧为工程窗口包含一个项目的目标（target）、组（group）和项目文件。右侧为源文件编辑窗口，编辑窗口实际上就是一个文本编辑器，可在此处对源文件进行编辑、修改、粘贴等。下方为输出窗口，源文件编译之后的结果将显示在这个窗口中，用于提示编译通过或错误（包括错误类型及行号）信息。

（2）编写源程序

执行菜单命令"File"→"New"，或用第二行工具栏中的快捷图标▤，在打开的新文本编辑窗口中输入源程序即可，如图 1-56 所示。编写完成后保存源程序文件，注意必须加上扩展名，汇编语言源程序一般用.ASM 或.A51 为扩展名，C51 源程序一般用.C 为扩展名，此处示例程序仍命名为 START.ASM。

需要说明的是，源文件就是一般的文本文件，不一定使用 Keil 软件编写，可以使用任意的文本编辑器编写，且 Keil 的编辑器对汉字的支持不好。

（3）建立项目

启动 Keil，执行菜单命令"Project"→"New μVision Project…"，新建项目文件并保存，要求与在 Proteus 中的电路图文件（本实例为 START.DSN）同主名、同目录。在弹出如图 1-57 所示的器件选择对话框中 Data Base 栏的单片机制造商列表中点选"Atmel"→"AT89C51"，然后单击"确定"按钮，然后单击两次"是"按钮。

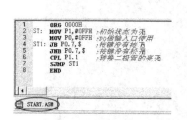

图 1-56　在 Keil 中编辑好的源程序文件

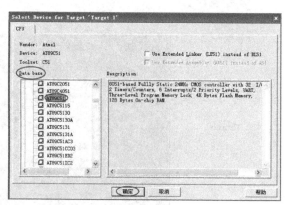

图 1-57　器件选择对话框

（4）加入程序文件

单击打开界面左侧 Project Workspace 栏中的 Target1 文件夹左边"⊞"后，弹出 Source Group1程序组文件夹，若 Project Workspace 窗口不小心关掉了，可以利用主界面第二行工具栏中的快捷图标▣打开。然后右键单击 Source Group1 程序组文件夹，单击 Add Files to Group 'Source Group1'，如图 1-58 所示。在弹出的对话框中适当选择文件类型和源程序文件，如图 1-59 所示，点击"Add"按钮将目标源程序加入组中后，需要注意的是，如图 1-59 所示的对话框并不消失，等待继续加入其他文件，但初学时常常误认为操作没有成功而再一次加入同一目标源程序，这时会弹出图 1-60 所示的对话框，单击"确定"按钮，返回前一对话框后，单击 Close"按钮关闭该对话框即可。

（5）项目设置

单击 Project Workspace 栏中的 Target 1 标签，执行菜单命令"Project"→"Option for Target 'Target 1'"，如图 1-61 所示，或直接右击 Project Workspace 栏中的 Target 1 标签，在弹出的下拉菜单中选择"Option for Target 'Target 1'"，如图 1-62 所示。

图 1-58　设置源程序加入程序组

图 1-59　添加源程序文件

单击后会弹出如图 1-63 所示的项目设置对话框，该对话框包含的页面较多，但需用户设置的并不多。

① 晶振频率设置。单击 Target 选项卡，在"Xtal（MHz）:"后面的文本框中输入选用的单片机晶振频率值，这里设置晶振频率为 12MHz。

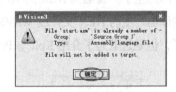

图 1-60　重复加入源程序时的错误提示

② 输出文件设置。单击 Output 选项卡，勾选 Creat HEX Fil，用于生成可执行代码文件。

③ 调试设置。单击 Debug 选项卡，在其右上侧点选 Use 后，从下拉列表选择 Proteus VSM Simulator，勾选 Run to Main（），这样每次调用都从主函数的第一条指令开始，便于跟踪程序。

将上面几项设置完成后，其余选项默认，单击"确定"按钮即可。

图 1-61　在 Project 下启动项目设置

图 1-62　右击 Target 1 启动项目设置

（6）项目编译

单击主工具栏中的 图标把整个项目存盘。单击主工具栏中的 图标，或执行菜单命令"Project"

→ "Rebuild all target files"，如图 1-64 所示，重新编译整个项目。

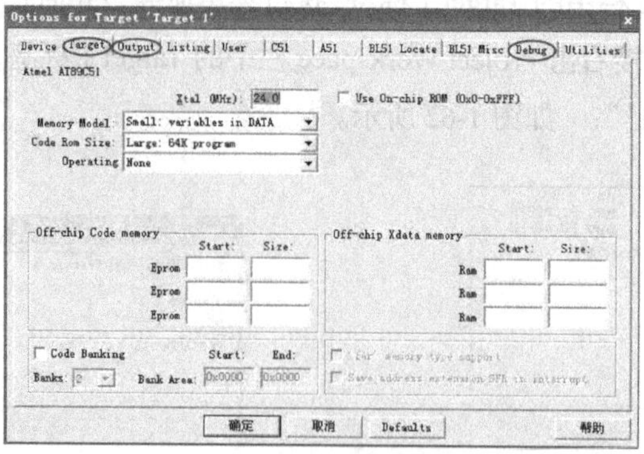

图 1-63　项目设置对话框

若源程序出现错误，如图 1-65 所示，会在项目窗口下面的输出窗口显示错误信息，直接双击错误提示行可直接进入源程序编辑窗口，而且在源程序编辑窗口中有错误的地方，字体也与其他不同。订正错误直至完全正确，重新编译整个项目输出窗口出现如图 1-66 所示，表明源程序没有错误。此时即产生了扩展名为 HEX 的 16 进制目标文件，当然这个 .HEX 文件可以像前边介绍的 Proteus 自带编译器产生的 .HEX 文件或 WAVE 软件产生的 .HEX 文件一样直接加载到 Proteus 电路中去仿真使用了，但是这里为了介绍 Keil 与 Proteus 联合搭建的仿真平台，还需下面的一些设置。

图 1-64　点击重新编译项目

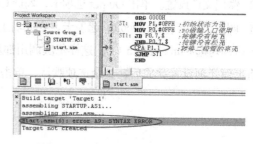

图 1-65　编译有错误的输出窗口

（7）设置 Proteus

启动 Proteus，打开要仿真的项目文件，完成以下设置。

① 右击选中 AT89C51，单击弹出其属性对话框，将其程序文件设置为空，如图 1-67 所示。

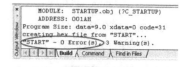

图 1-66　编译没有错误的输出窗口

② 选择菜单 "Debug" → "Use Remote Debug Monitor"，即使是用本地回环地址 127.0.0.1（这是 Keil 和 Proteus 装在同一台计算机上时的默认配置），当第一次选择时 Windows 会提示是否解除其阻止，一定选中解除阻止，否则网络连接无法建立，如图 1-68 所示。

需要说明的是，若 Keil 与 Proteus 不是装在同一台计算机上，还需在设定图 1-63 所示 Keil 的项目设置对话框中设定 Proteus 所安装计算机的 IP 地址，端口号默认为 8000，如图 1-69 所示。

图 1-67　将程序文件设置为空　　　　　　　　　　　图 1-68　选择用远程调试监控

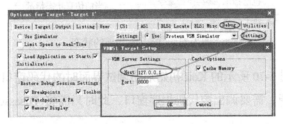

图 1-69　在 Keil 中设定 Proteus 的 IP 地址

（8）Keil 与 Proteus 联调

打开 Keil，执行菜单命令"Debug"→"Start/Stop Debug Session"，此时 Keil 调试系统已经启动，如图 1-70 所示，同时 Proteus 中的仿真功能也已经启动，等待执行命令，如图 1-71 所示。

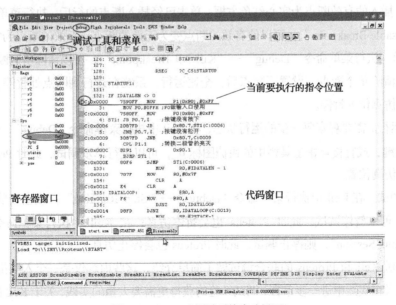

图 1-70　Keil 中调试系统启动界面

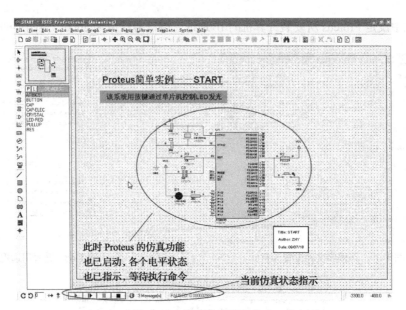

图 1-71　Proteus 当前的状态

需要说明的是，如图 1-70 所示的 Keil 初始启动调试界面时的代码窗口为汇编和 C51 的混合体，这对调试源程序很不方便，需要调出源代码程序窗口，此时只需将 Disassembly 窗口关掉，打开源程序窗口即可。

① 全速运行。在 Keil 中调用"Debug"菜单下的清除所有断点指令，将所有断点清除掉，然后执行菜单命令"Debug"→"Run"，或按 F5 功能键，或直接点击工具栏中的快捷图标█，则程序会全速执行。Keil 下的"Debug"菜单如图 1-72 所示。

② 设置断点。在 Keil 中单击要插入断点的行后，执行菜单命令"Debug"→"Insert/Reomve Breakpoint"，插入的有效断点为实心红色方框。单击已经插入断点的行后，执行菜单命令"Debug"→"Enable/Disable Breakpoint"，可以使有效的断点变为无效的断点，无效的断点为空心白色方框，如图 1-73 所示。执行菜单命令"Debug"→"Kill All Breakpoint"，可以清除所有断点，在有断点的行双击可以清除单个断点。设置了断点后，全速运行，系统在运行到断点处暂停，此时 Proteus 也会到相应的仿真位置暂停。

③ 单步运行。需要观察每一步的运行状态，在 Keil 中执行菜单命令"Debug"→"Step Over"，或按 F10 功能键，或直接点击工具栏中的快捷图标█，可以进行单步调试，此时 Proteus 也会单步进行到相应的仿真位置。

④ 停止调试。在 Keil 中执行菜单命令"Debug"→"Stop Running"，或直接单击工具栏中的快捷图标█，可以暂停调试，此时 Proteus 也会暂停仿真；在 Keil 中执行菜单命令"Debug"→"Start/Stop Debug Session"，则停止调试，此时 Proteus 也会停止仿真。

上述只是对 Keil 和 Proteus 的联合调试做了简单介绍，这些内容仅是一个入门指引，更多的调试经验需要读者在实践中进一步掌握，调试经验的获得更需要大量的实践，关于 Keil 的介绍也有限，不详之处，请读者查阅相关资料。

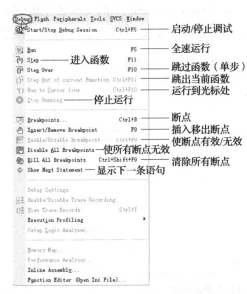

图 1-72　Keil 下的 Debug 菜单　　　　　　　　图 1-73　在源程序中插入断点

3. 加载 Keil 软件产生的 OMF51 程序文件

根据上一节的叙述我们知道，利用 Keil 和 Proteus 联合搭建的仿真平台，可以实现单片机系统的仿真设计与调试。但是这种联合搭建的仿真平台，需要完成一些设置，同时在调试时需要 Keil 和 Proteus 一起运行，需要在不同的窗口之间切换，因此这种方式在系统调试仿真时也给用户造成不便。下面介绍一种在 Proteus 中实现 C51 源程序调试的方法。

（1）OMF51 格式的文件

OMF51 格式（absolute object module format files，绝对目标文件）的文件是由 Keil 编译器输出的目标文件，该文件包括所有的指令和调试信息，允许实现全速、单步、设置断点、观察变量等调试功能。通常我们使用的 HEX 十六进制文件不能包含足够的信息，不能进行一些调试，（当然 Proteus 自带的除外），如加载 WAVE 的 HEX 文件。而 Proteus 恰恰支持 OMF51 格式文件，因此在 Keil 中生成 OMF51 文件后加载到 Proteus 中，利用 Proteus 的调试系统的功能，实现在 Proteus 平台中对 C51 的调试。

（2）加载步骤

由于 Keil 的相关使用操作前面已经叙述过了，这里只做一些简要的叙述。

① 启动 Keil，执行菜单命令 "File" → "New"，或用快捷图标 📄，打开一个新的文本编辑窗口，在该窗口中输入源程序，编写完成后保存该文件，加上 .C 扩展名。

② 新建项目，选择单片机型号，并加入程序文件。

③ 项目设置，右击 Project Workspace 栏中的 Target 1 标签，在弹出的下拉菜单中选择 "Option for Target 'Target 1'"，在弹出的项目设置对话框中进行以下两项设置。

● 晶振频率设置：单击 Target 选项卡，在 "Xtal（MHz）:" 后面的文本框中输入选用的单片机晶振频率值。

- 输出文件设置：单击 Output 选项卡，在"Name of Executable："的文本框内为工程名添加后缀.omf，将"Creat HEX Fil"复选框取消，如图 1-74 所示，然后单击"确定"按钮退出。

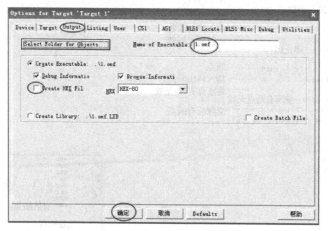

图 1-74　项目设置对话框

④ 单击主工具栏中的图标，或执行菜单命令"Project"→"Rebuild all target files"，重新编译整个项目，就可得到我们想要的 OMF51 格式文件。

⑤ 在 Proteus 平台中选中单片机，打开其属性窗口，打开"Program File"右侧框中的按钮，加载 Keil 生成的程序文件，如图 1-75 所示。

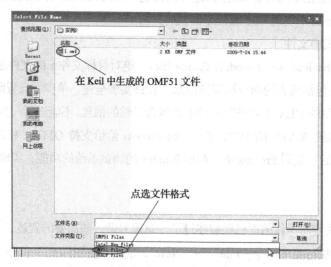

图 1-75　在 Proteus 中加载 OMF51 文件

需要说明的是，若在此之前单片机加载过 Proteus 自带编译器生成的文件，应该将其全部删除，执行菜单命令"Source"→"Add/Remove Source File.."，利用"Remove"按钮将所有程序文件名删除，否则运行时会出错。

⑥ 仿真调试。在 Proteus 平台中单击"仿真开始"按钮，全速运行。当需要调出 C 源代码窗口

时，先单击下面的"暂停"按钮，然后单击"Debug"菜单，将 8051 CPU Source Code – U1 选中，也可以打开其他观察窗口。如图 1-76 所示为用 C51 编写数码管仿真调试界面。

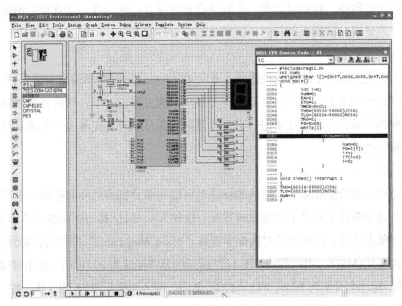

图 1-76 在 Proteus 中调试 C51 时的仿真界面

这时的调试方式和 VC++等系统相似，提供了全速、跳过函数、进入函数、跳出函数、执行到光标处、设置/取消断点、单步等方式。

1.4.2 Proteus 的一些其他常用设计操作指南

前面以一个基本实例为例，介绍了在 Proteus 中进行单片机设计与仿真的入门知识，根据笔者的一些经验，下面介绍一些在 Proteus 中进行电路设计时一些较为实用的常用设计操作指南，仅供读者参考。

1. 设计电路的复制、粘贴

在进行某些电路设计时，可能会用到原有电路或原有电路中的部分电路，如晶振电路、复位电路等，可以直接将其复制过来，以节省时间，具体操作如下。

（1）选中要复制的电路

在 Proteus ISIS 编辑窗口中，左键单击，托出一个矩形方框，将要复制的电路围住，这时被选中的电路呈现红色，不能用"Ctr +C"和"Ctr +V"操作，因为 Proteus 不支持。也不能用▣，因为"块复制"只能在同一个设计页内操作。只能采用执行菜单命令"Edit"→"Copy to Clipboard"，或右键单击，在弹出的下拉菜单中选择"Copy to Clipboard"，即将要复制的内容复制到剪贴板上。

（2）粘贴

打开新的 Proteus ISIS 编辑窗口，执行菜单命令"Edit"→"Paste from Clipboard"，或右键单击，在弹出的下拉菜单中选择"Paste from Clipboard"，这时已经复制到剪贴板上的便粘在鼠标上，在

Proteus ISIS 编辑窗口中要放置的地方单击即可。

2. 总线应用

为了简化电路原理图，我们可以用一条导线代表数条并行的导线，这就是所谓的总线。当电路中多根数据线、地址线、控制线并行时，使用总线较为方便。

（1）画总线

单击左边主模式工具栏中的总线按钮 ，即可在 Proteus ISIS 编辑窗口中画总线。初次使用者，会感觉在编辑窗口中画不上，记住一定要先在要画线的地方单击一下，然后总线便随着鼠标的移动开始画出，需要拐弯时，在拐角处单击一下，想要结束画总线时要先单击一下表示总线结束点，然后再单击即可画完总线。

（2）总线标注

当总线画完后，要给总线标注，总线的标注名可以与单片机的总线名相同，也可不同。总线标注时可以单击左边主模式工具栏中的总线放置标号按钮 ，鼠标移动到所画的总线上变成"×"状后单击，或右键单击总线，在弹出的对话框中选择"Place Wire Lable"即可进行标注，如图 1-77 所示。总线标注名用 NAME[N..M]的形式，图 1-77 所示的总线标注为 P2.[0..6]，意味着该总线可以分为 7 条彼此独立的、标注名分别为 P2.0、P2.1、P2.2、P2.3、P2.4、P2.5、P2.6 的导线，按"OK"按钮后，系统自动在导线标号编辑页面的"String"栏的下拉菜单中加入以上 7 组导线名，今后在标注与之相联的导线名时，如 P2.0，可直接从导线标号编辑页面的"String"栏的下拉菜单中选取，如图 1-78 所示。

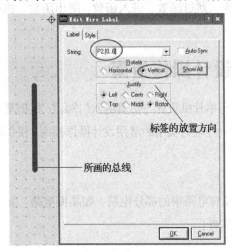

图 1-77   给总线放置标号

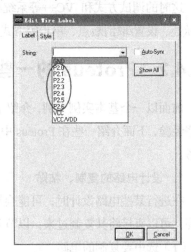

图 1-78   总线标注后的"String"栏

若标注名为 $\overline{WR}$，直接在导线标号编辑页面的"String"栏中输入"WR"即可实现上画线。

（3）画总线分支线

总线分支线是用来连接总线和元器件管脚的，与画一般的导线方法相同。为了减少电磁干扰（在制作 PCB 时要考虑，仿真可以不用考虑），在分支线与总线连接处，一般把分支线画成斜线。画总线分支线的简便方法是采用 Proteus 提供的重复布线（Wire Repeat）技术。假设要把单片机的 P2 口和总线相连，你已经放置好总线如图 1-79 所示，先画 P2.0 口（第 21 引脚）与总线相连的分支线，再画 P2 口的其他分支线时，只需在引脚处双击，此时重复布线功能被激活，自动在引脚和总线之间完成连线，如图 1-80 所示。重复布线完全复制了上一根线的路径，如果上一根线已经是自动重复布线将仍旧自动复制该路径。如果上一根线是手工布线，那么将精确复制于新的线。

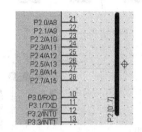

图 1-79　准备画总线分支线

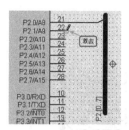

图 1-80　采用重复布线技术画分支线

（4）分支线标注

右键单击分支线选中它，在弹出的对话框中选择"Place Wire Lable"即可进行标注。需要说明的是，如果已经进行了总线标注，可以直接从如图 1-78 所示的导线标签编辑页面的"String"栏的下拉菜单中选取。如果没有进行总线标注，如图 1-81 所示，可以采用以下办法。

① 执行菜单命令"Tools"→"Property Assignment Tool..."，或直接第三行中的快捷图标，或者直接按键盘上的大写字母"A"，在弹出如图 1-82 所示的属性标注设置对话框中，设置 String 栏中内容为：NET=P2.#（这里 P2.为要标注的分支线名称，用户可以根据自己需要填写），然后按"OK"按钮确定。

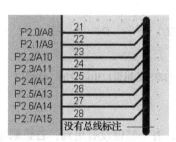

图 1-81　总线未做标注

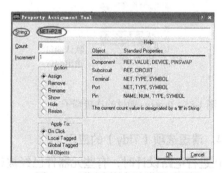

图 1-82　弹出属性标注设置对话框

② 将鼠标移动到要进行标注的分支线上，当分支线中心出现一些红色虚线，且鼠标变为如图 1-83 所示的状态时单击，即可完成相应的分支线标注。这种操作模式默认为赋值并且是单击式的。

③ 再次执行菜单命令"Tools"→"Property Assignment Tool.."，或直接第三行中的快捷图标，亦可按下键盘上的大写字母"A"，在弹出的属性标注设置对话框中，单击取消按钮"Cancel"，即可退出标注状态。

3. 连接端子应用

在电路设计时，有时需要从某一端口接多条连线，直接连线会显得很乱，这时可以采用添加连接端子的方式。图 1-84 所示为某一交通灯控制电路原理图，图中电路连线较多，尽管采用总线连线的方式，但还需较多连线，可以通过添加连接端子的方式再次简化。

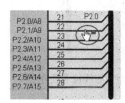

图 1-83　标注分支线

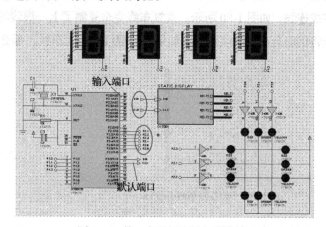

图 1-84　某一交通灯控制电路图

添加连接端子的操作是：单击左侧小型配件按钮中的连接端子按钮 ▤，Proteus 提供的一些连接端子如图 1-85 所示。

单击需要的连接端子，在对象预览器会有连接端子的预览，在 Proteus ISIS 编辑窗口中单击即可放置连接端子，选中放置的连接端子单击后，弹出编辑连接端子标号"Edit Terminal Label"对话框，输入相应的标号即可。图 1-86 所示为在 ISIS 编辑窗口中放置的一些连接端子。

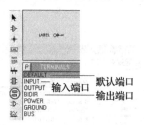

图 1-85　Proteus 通过的连接端子

图 1-86　在 ISIS 编辑窗口中放置的一些端口

4. 清理选项（Tidy）的应用

在进行电路设计时，有些元器件已经被替换成其他元器件，有一些就没有用到，若想删除掉对象选择器中的没有在电路图中被使用的元器件，可以执行菜单命令"Edit"→"Tidy"，弹出如图 1-87 所示的对话框，单击"OK"按钮确定。

另外，清理选项（Tidy）还可以删除在图纸工作区域以外的所有元器件。

5. 子电路设计

在 Proteus 电路设计中，将电路中的功能相对独立的部分设计成子电路，以"实体"（Device body）形式出现在电路中，它们的内部电路作为电路的下一层电路（也称子页）。这种电路设计方法称为层次设计，经常用于较复杂、较大的电路设计中。其常用的功能按钮是：▉（Sub Circuit 即子电路设计按钮），常用的菜单命令是"Design"菜单中的一些命令，如图 1-88 所示。

子电路设计步骤如下。

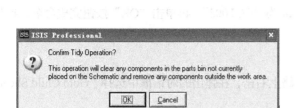

图 1-87 元器件删除确认对话框 　　　　　　　　　图 1-88 Design 菜单

（1）新建一个设计

单击新建按钮□，新建一个设计文件并保存。

（2）设计子电路图框

单击按钮■，进入子电路外层设计，对象选择器中显示出子电路设计的连接端子类型，同时对象预览器中有相应的对象显示。按住鼠标左键拖出一个方框，右击选中方框，可改变其大小，如图1-89所示。此时会自动出现该方框代表的子电路内层空白设计页，执行菜单命令 Design"→"Goto Sheet"，层次结构如图 1-90 所示。

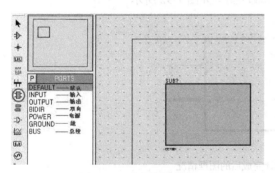

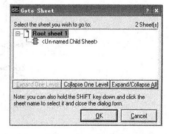

图 1-89 画子电路图框 　　　　　　　　　图 1-90 只有一个子电路的层次结构

（3）放置 I/O 端口

假设要为子电路放置两个输入连接端子、一个 12V 电源连接端子、一个输出连接端子和一个总线连接端子。从对象选择器中选择子电路的输入连接端子 INPUT、电源连接端子 POWER、输出连接端子 OUTPUT 和总线连接端子 BUS 分别放置在子电路图框的左右两侧，一般左侧为 INPUT，右侧为 OUTPUT。单击子电路中连接端子可以对各连接端子进行标注，如图 1-91（a）所示。

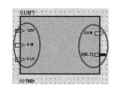

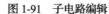

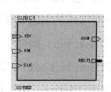

（a）对子电路添加连接端子 　　（b）子电路实体名设置 　　（c）设置了实体名的子电路

图 1-91 子电路编辑

（4）子电路命名

选中子电路图框后单击，弹出如图 1-91（b）所示的对话框。其中，Name 为实体名，Circuit 为电路名。这里取 Name 为 "SUBC1"，取 Circuit 为 "CCT002"，再单击 "OK" 按钮完成命名，到此，上层子电路设计完成，如图 1-91（c）所示。

（5）进入子电路内部设计页面

按键盘上的 "Page Down" 键，或在子电路上右击，在弹出的对话框中选择 "Goto Child Sheet"，即可进入子电路内部设计页面。

（6）子电路内部电路设计

内部电路设计方法与通常在 ISIS 中设计一样。单击 ⟱ 按钮，再单击 "P" 按钮选取所需元器件放入对象选择器中，再从对象选择器中选取元件放置在 ISIS 编辑区中，调整位置、方向并布线，对相应的连接端子进行相匹配的网络标注，完成内部电路设计后保存。在 ISIS 编辑区中右键单击，在弹出的对话框中选择 "Exit toParent Sheet" 返回到上一层电路中。

（7）设置连接端子网络标号

在 ISIS 编辑窗口内，单击按钮 ⧂，从对象选择器中选取所需要的连接端子，或者子电路图框上右击，在弹出的下拉菜单中的 "Add Moudle Port" 子菜单中选择所需要的连接端子，并在图中按要求放置、布线，并对连接端子进行标注。子电路完成的图框如图 1-92 所示。

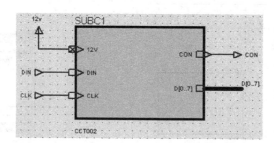

图 1-92　子电路设计完成后的图框情况

6. 创建自己的元件模型

在使用 Proteus 仿真单片机系统的过程中，有时找不到所需的元件，这就需要创建自己的元件模型。Proteus VSM 的一个主要特色是使用基于 DLL 组件模型进行扩展。这些模型分为两类：电气模型（Electrical Model）和绘图模型（Graphical Model）。电气模型实现元件的电气特性，按规定的时序接收数据和输出数据；绘图模型实现仿真时与用户的交互，例如 LCD 的显示。一个元件可以只实现电气模型，也可以同时实现电气模型和绘图模型。

● 一些常用的创建元件模型的功能按钮如下。

⟱ Device pin：器件引脚。

▇ 2D graphics box：二维图形框。

✳ Make Device：制作元器件。

● 一些常用的菜单命令如下。

"Tools" → "Model Compiler"：模型编译。

"Library" → "Make Device"：制作元器件。

"Library" → "Make Symble"：制作符号。

这里用 3 个 JK 触发器和 2 个与门来构建一个八进制计数器模型为例，来介绍在 Proteus 中创建自己的元件模型的步骤。

（1）绘制器件图形符号和引脚

单击按钮 ■，在 ISIS 编辑区用左键拖出一个大小适当的方框。单击元器件引脚按钮 ⇥，在对象选择框中选择默认引脚（DEFAULT），并将引脚放置到方框上的适当位置，如图 1-93 所示。

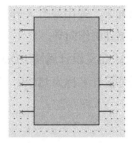

图 1-93　器件图形符号和引脚布图

（2）引脚编辑

选中引脚后单击，弹出如图 1-94 所示的引脚编辑对话框，引脚电气类型定义如表 1-8 所示。

表 1-8　　　　　　　　　　　　　　　引脚电气类型定义

引脚电气类型及其缩写	含义	一般应用场合
Passive（PS）	无源	无源连接端子（Passive device terminals）
Input（IP）	输入	输入（Analogue or digital device inputs）
Output（OP）	输出	输出（Analogue or digital device outputs）
Bidir（I/O）	输入/输出	微处理器或 RAM 数据总线引脚（Microprocessor or RAM）data bus pins
Tri-state（TS）	三态	ROM 输出引脚（ROM output pins）
Pull Down（PD）	下拉	开集电极/漏极输出（Open collector/drain outputs）
Pull Up（PU）	上拉	开射极/源极输出（Open Emitter/source outputs）
Power（PP）	电源	电源/地线引脚（Power/Ground supply pins）

对引脚命名、编号时应注意，引脚必须有名称，若两个或多个引脚同名，系统认为它们是连在一起的，另外可以通过在引脚名前后加符号 "$" 放置上划线。按表 1-8 编辑各引脚，没有用到的引脚命名为 NC，电气类型选择 PS，选择 "不显示引脚名" 将其隐藏，各引脚编辑结果如图 1-95 所示，不显示的引脚呈灰色。

图 1-94　编辑引脚对话框

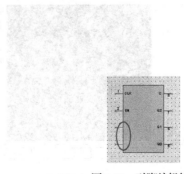

图 1-95　引脚编辑结果

（3）器件制作（Make Device）

用鼠标拖出一个矩形框，将器件图形符号和引脚全部围住，此时器件为选中状态，呈现红色（注意一定要框选住整个器件，否则会出错），执行菜单命令"Library"→"Make Device"，或单击快捷图标 ，弹出如图 1-96 所示的对话框，提示器件有相同名称的引脚，单击"OK"按钮继续，启动元器件制作向导。

① 定义设计属性（Device properties）。在弹出的如图 1-97 所示的定义设计属性对话框中，输入器件设计名称为 ISQ8，其前缀标号为 JS。其余默认，单击"Next"按钮，进入元器件封装。

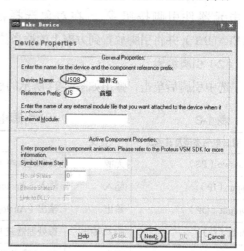

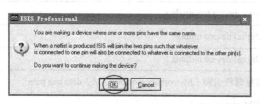

图 1-96　提示对话框   图 1-97　定义设计属性

② 元器件封装（Packagings）。元器件封装界面如图 1-98 所示。

在元器件封装界面单击"Add/Edit"按钮，进入图 1-99 所示的对话框，再单击"Add"按钮，进入"Package Device"对话框，在"Keywords"一栏中输入"DIP8"，结果如图 1-100 所示，单击该窗口的"OK"按钮，再次进入"Package Device"对话框，如图 1-101 所示，单击"Assign Package"按钮，再次进入 Packagings 确定封装，结果如图 1-102 所示。单击"Next"按钮，进入元器件属性及定义。

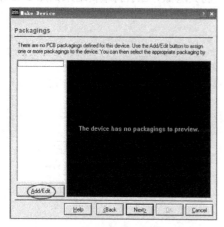

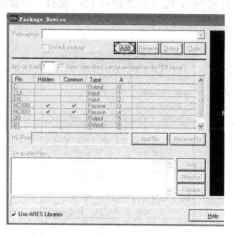

图 1-98　元器件封装界面   图 1-99　"Package Device"对话框

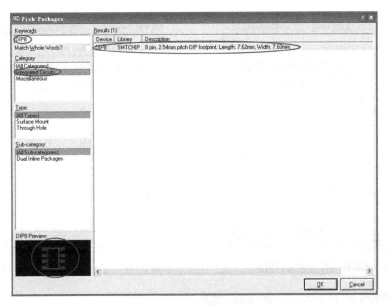

图 1-100　"Package Device" 对话框

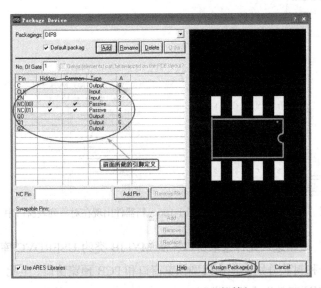

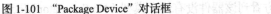

图 1-101　"Package Device" 对话框

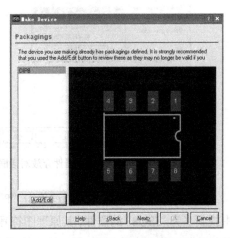

图 1-102　确定封装

③ 元器件属性及定义（Component Properties & Definitions）。元器件属性及定义对话框如图 1-103 所示，全部默认，单击 "Next" 按钮。弹出如图 1-104 所示界面，全部默认，单击 "Next" 进入下一步，定义元器件存放库。

④ 定义元器件存放库。定义元器件存放库对话框如图 1-105 所示，在其右边保存元器件到库（Save Device To Library）的列表框中选择元器件要存入的库 USERDVC，再单击器件分类（Device Category）右边的 "New" 按钮，弹出新建分类对话框，如图 1-105 所示，输入自定义的器件类 "MYLIB" 后，单击对话框中的 "OK" 按钮，再单击右下方的 "OK" 按钮，则在 ISIS 窗口的对象选择器中出现器件 "JSQ8"，如图 1-106 所示。

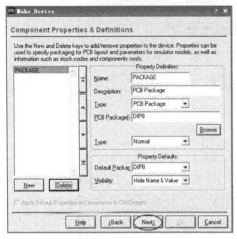

图 1-103　元器件属性及定义对话框

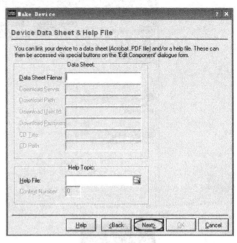

图 1-104　"Device Data Sheet & Help File"界面

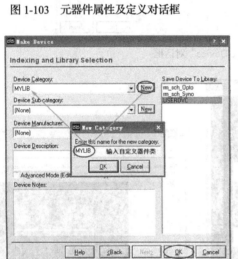

图 1-105　定义元器件存放对话框

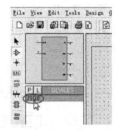

图 1-106　新器件出现在对象列表窗口中

在 ISIS 编辑窗口中，可通过单击"P"按钮进入元件选取窗口，从 MYLIB 类的 USERDVC 库中找到名为"JSQ8"的器件，其原理图符号和封装分别出现在模型预览窗口和 PCB 预览窗口，至此，器件外部制作完成。从图 1-107 右上方看到该器件没有仿真模型（No Simulator Model）的提示，原因是上述操作只是完成器件模型外壳的设计，尚未设计器件的内部电路。

（4）器件内部电路设计

从 ISIS 窗口的对象列表框中选择器件"JSQ8"放置到 ISIS 编辑区中，右击选中后再左击打开其属性对话框，选中"Attach hierarchy module"（捆绑层次模型），如图 1-108 所示，单击"OK"按钮，退出属性对话框。

右击 ISIS 编辑区中的器件 JSQ8，在弹出的下拉菜单中选择"Goto Child Sheet"，即可进入器件内部电路设计页面。器件内部电路设计与一般电路设计一样，遵循 ISIS 电路设计的方法和规则。只需注意，内部电路的连接端子标注应与元器件模型引脚名称一致，而且内部电路的元器件模型应是

原型。本例所需的元器件和连接端子分别有：JKFF（JK 触发器）、AND-3（三输入与门）、AND（二输入与门）、输入连接端子和输出连接端子，其内部电路原理图如图 1-109 所示。

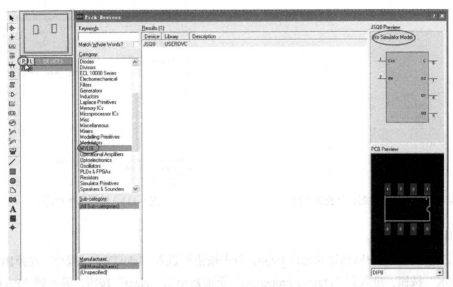

图 1-107　器件制作完成后的 ISIS 窗口情况

图 1-108　器件属性对话框

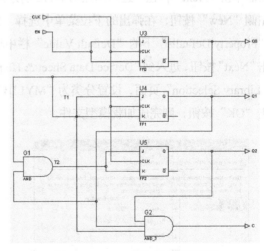

图 1-109　JSQ8 的内部电路原理图

　　内电路设计完成后，可以通过返回父页（上层）电路按钮　，进入父页。设计如图 1-110 所示的验证电路进行验证。还需添加的元件有：7SEG-BCD（带译码器的数码管）和 CLOCK（脉冲源）。在 ISIS 编辑窗口中右击选中元件 CLOCK 后再左键单击打开其编辑元件 "Edit Component" 对话框，输入元件标称为 CLK，频率设置为 2Hz，如图 1-111 所示。单击仿真运行按钮全速仿真，查看数码管的状态，从 0 开始计数，计到 7 后返回 0，反复循环，证明内部电路设计正确。

　　（5）生成模型文件

　　返回内部电路，在内部电路设计页执行菜单命令 "Tools" → "Model Compiler"，进行模型编译，在弹出的"Compiler Model"对话框，选择路径"D:\ZHY\MYLIB"，模型文件名默认"JSQ8.MDF"，单击"保存"按钮。

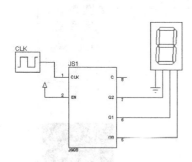

图 1-110　八进制计数器设计验证电路

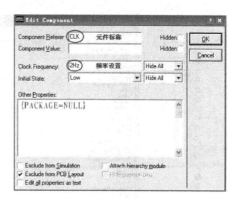

图 1-111　器件属性对话框

（6）加载模型文件

返回父设计页，选中所创建的元件 ISQ8，单击按钮 进入 Make Device 操作，在弹出的对话框中选择"OK"按钮，进入到"Device Properties"页面后单击"Next"按钮，进入到"Packagings"页面后单击"Next"按钮，进入到如图 1-112 所示的"Component Properties & Definitions"页面，单击左侧"New"按钮，在弹出的下拉菜单中选择"MODFILE"，此时属性名称及描述会自动出现，在"Property Defaults"下的"Default Value"栏中填写模型文件名"D:\ZHY\MYLIB\JSQ8.MDF"后，单击"Next"按钮，进入到"Device Data Sheet & Help File"页面后单击"Next"按钮，进入到"Indexing and Library Selection"页面，设置分类为"MYLIB"，所在的库为"USERDVC"，如图 1-113 所示。单击"OK"按钮，则完成加载模型文件。

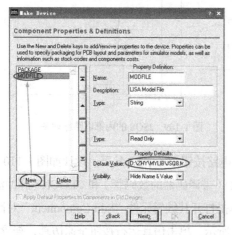

图 1-112　模型文件加载

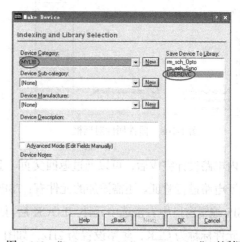

图 1-113　"Indexing and Library Selection"对话框

此时，再到 ISIS 编辑窗口中，单击 P 按钮进入元件选取窗口，从 MYLIB 类的 USERDVC 库中找到名为"JSQ8"的器件，在页面右上方看到该器件的仿真模型存放位置就是刚才所填写的路径。

至此，八进制计数器的模型就完成了，该器件模型可在各种电路设计与仿真中使用。

7. 修改 Proteus 中的元件模型

有时，为了简化电路，可以修改 Proteus 提供的元件模型，这与上一节创建自己的元件模型步骤相似，只不过不用设计元件的内部电路，只需要设计外壳后稍作编辑即可。下面以修改如图 1-114 所示的元器件 74LS373 为如图 1-115 所示总线型元件为例，简要介绍修改 Proteus 中的元件模型的步骤，不详之处请参见上一节——创建自己的元件模型。

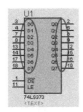

图 1-114　修改前的 74LS373

图 1-115　修改后的 74LS373

（1）绘制器件图形符号和引脚

单击按钮■，在 ISIS 编辑区用左键拖出一个大小适当的方框。单击元器件引脚按钮⇥，在对象选择框中选择默认引脚（DEFAULT）和总线引脚（BUS），并将引脚放置到方框上的适当位置，如图 1-116 所示。

（2）引脚编辑

将各引脚按表 1-9 所示编辑，编辑结果如图 1-117 所示。

图 1-116　器件图形符号和引脚布图

图 1-117　引脚编辑结果

表 1-9　　　　　　　　　　74LS373 引脚编辑

在图中序号	引脚名称	引脚编号	显示引脚	显示名称	显示编号	引脚电气类型
1	V_{CC}	20	×	×	×	PP
2	D[0..7]		√	√		PS
3	OE	1	√	√	√	IP
4	LE	11	√	√	√	IP
5	GND	10	×	×	×	PP
6	Q[0..7]		√	√		PS

注：表中"√"表示显示；表中"×"表示显示

（3）添加中心点

单击模式选择工具栏中的✛按钮，在元器件中任意位置单击鼠标，绘制中心点，如图 1-117 所示。

（4）封装入库

执行菜单命令"Library"→"Make Device"，或单击快捷图标 ，启动元器件制作向导。在弹出的如图 1-118 所示的定义设计属性对话框中，输入器件设计名称为 74LS373.BUS，其前缀标号为 U。其余默认，单击"Next"按钮，进入元器件封装。这里暂不对器件做封装，直接单击"Next"按钮，进入元器件属性及定义。即"Component Properties & Definitions"页面，这里需要添加两个属性：{ITFMOD=TTLLS}、{MODFILE=74**373.MDF}。

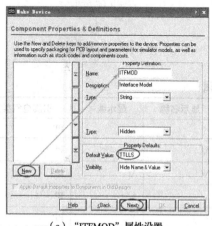

图 1-118　定义设计属性对话框

具体操作是：单击左侧"New"按钮，在弹出的下拉"TTLLS"，此时属性名称及描述会自动出现，在"Property Defaults"下的"Default Value"栏中填写"TTLLS"，如图 1-119（a）所示；再次单击左侧"New"按钮，在弹出的下拉菜单中选择"MODFILE"，此时属性名称及描述同样会自动出现，在"Property Defaults"下的"Default Value"栏中填写"74**373.MDF"后，如图 1-119（b）所示。

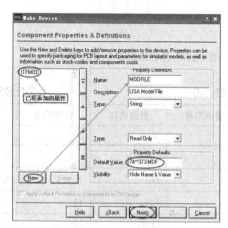

（a）"ITFMOD"属性设置　　　　　　　（b）"MODFILE"属性设置

图 1-119　属性设置及定义对话框

设置完后，单击"Next"按钮，进入到"Device Data Sheet & Help File"页面后单击"Next"按钮，进入到"Indexing and Library Selection"页面，在其右边保存元器件到库（Save Device To Library）

的列表框中选择元器件要存入的库 USERDVC，再单击器件分类（Device Category）右边的 "New" 按钮，弹出新建分类对话框，如图 1-120 所示，输入自定义的器件类 "MYLIB" 后，单击对话框中的 "OK" 按钮，再单击右下方的 "OK" 按钮。

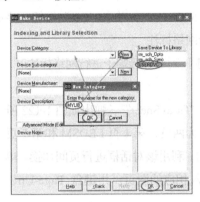

图 1-120　定义元器件存放对话框

至此，将 Proteus 中的 74LS373 修改为总线型元件就完成了，该器件模型可在各种电路设计与仿真中使用。

8. 多页设计

在 Proteus 电路设计中，对于一些较复杂、较大的电路，有时为了使电路紧凑、美观或仿真中为突出某部分电路功能而将整个电路设计分成几个部分，分别画在各自的设计页上，各页间通过相同的网络名称连接，并保存在同一设计文件中，这种方法称为多页设计。

假设我们要设计一个交通灯控制电路，为了突出仿真演示计时显示功能，将电路分成两页来设计，第 1 页为计时显示电路（用 LEDSM 表示），第 2 页为单片机控制电路（用 MCUCON 表示），两页设计都保存在一个设计文件 JTD.DSN 中。这里只为了说明分页设计，不画具体电路。

（1）新建一个设计文件

执行菜单命令 "File" → "New Design"，或单击快捷图标按钮 ，新建一个设计文件，并保存为 JTD.DSN。

（2）设置第 1 页标题

执行菜单命令 "Design" → "Edit Sheet Properties"，在弹出的编辑页属性对话框的页标题（Sheet Title）栏中输入 "LEDSM"，如图 1-121 所示，单击 "OK" 按钮，则第一页的页标题设置为 LEDSM，而对话框中的页名称（Sheet Name）决定了该页在设计中的次序。新建根页名称 ROOT10、ROOT20 等，在这当中还可插入新页根，如 ROOT15。当然随时都可以通过执行菜单命令 "Design" → "Edit Sheet Properties" 改变设计页的次序。

（3）设计第 1 页电路并进行网络标注

图 1-121　编辑页属性对话框

选择设计电路所需的元器件，ISIS 编辑区中放置、编辑、布线后选择所用连接端子，并对各连接端子进行网络标注，完成第 1 页电路设计。

（4）设置第 2 页标题

执行菜单命令"Design"→"New Sheet"，或直接单击快捷图标⊞，会弹出一个新建的空白页。再执行菜单命令"Design"→"Edit Sheet Properties"，弹出如图 1-121 所示的编辑页属性对话框，在 Sheet Title 栏中输入页标题为 MCUCON，单击"OK"按钮，完成第 2 页标题的设置。

（5）设计第 2 页电路并进行网络标注

第 2 页电路设计与第 1 页相同，对各连接端子进行网络标注时，要注意各页间的网络标注要匹配。

（6）多页设计的页间切换

执行菜单命令"Design"→"Goto Sheet"，弹出如图 1-122 所示的对话框，可以看到该电路分为两页，第 1 页 LEDSM 和第 2 页 MCUCON，它们的地位是平等的，利用该对话框进行页间切换。单击页标题后单击"OK"按钮进入相应的图页。用键盘 Page-Up、Page-Down 可快捷地实现切换。

图 1-122　"Goto Sheet"对话框

9．Proteus 中常用的一些快捷键

根据 proteus 的英文说明书和笔者的操作经验，提供以下一些常用的快捷键，仅供读者参考。

Ctrl+F1：栅格宽度 0.1mm——显示栅格为 0.1mm，在 pcb 的时候很有用。

F2：栅格为 0.5mm——显示栅格为 0.5mm，在 pcb 的时候很有用。

F3：栅格为 1mm——显示栅格为 1mm，在 pcb 的时候很有用。

F4：栅格为 2.5mm——显示栅格为 2.5mm，在 pcb 的时候很有用。

F5：重定位中心。

F6：放大——以鼠标为中心放大。

F7：缩小——以鼠标为中心缩小。

F8：全部显示——当前工作区全部显示。

G：栅格开关——栅格网格。

Ctrl+s：打开关闭磁吸——磁吸用于对准一些点，如引脚等。

x：打开关闭定位坐标——显示一个大十字射线。

m：显示单位切换——mm 和 th 之间的单位切换，在右下角显示。

o：重新设置原点——将鼠标指向的点设为原点。

u：撤销键。

Page-Down：改变页层。

Page-Up：改变页层。

Ctrl+ Page-Down：最底层。

Ctrl+ Page-Up：最顶层。

Ctrl+画线：可以画曲线。

R：刷新。

+-：旋转。

项目二

| 简单交通信号控制设计 |

知识目标：

- 掌握 MCS-51 单片机硬件内部资源及最小系统的应用。
- 了解 MCS-51 单片机编程指令系统及程序的基本结构。
- 学会利用单片机对简单控制系统的设计、制作和调试。
- 掌握对单片机硬件资源的扩展。

任务一　简单的流水彩灯设计

1. 基本知识点

MCS-51 单片机最小系统是能让单片机工作的最小硬件电路，由复位电路、时钟电路、电源电路、控制接口电路等电路组成。复位电路使最小系统处于初始状态，并从初始状态开始工作。由于单片机内部是大量的时序电路构成，时钟电路为单片机工作提供基本的时钟。单片机能正常地工作，还须为程序存储器下载能控制接口电路的控制程序。下载控制程序文件是后缀为 hex 的十六进制文件或是后缀为 bin 的二进制文件。

2. 内容描述

利用 MCS-51 单片机最小系统控制 8 个发光二极管实现简单的流水彩灯，要求 8 个发光二极管依次点亮并重复循环，点亮的频率为 1Hz。

3. 硬件原理图

硬件电路利用 AT89C52 单片机做控制，由 12MHz 的晶振、两个 20pF 微调电容组成的时钟电路。上电复位电路由电阻 R1 和电容 C3 组成，引脚 $\overline{\text{RST}}$ 高电平时单片机处于复位状态，复位信号必须保持两个机器周期以上才能有效。单片机有四个 I/O 口，这里用 P2 口作为控制电路，控制八个发光二极管的亮和灭。电路采用正逻辑方式控制，即要使发光二极管亮，相应的位要输出高电平，其中与发光二极管相接的电阻起限制电流的作用。引脚 $\overline{\text{EA}}$ 接电源 V_{CC}，表示单片机上电复位后从内部程序存储空间开始执行控制程序。简单的流水彩灯原理图如图 2-1 所示。

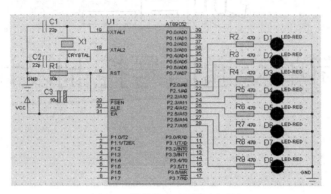

图 2-1　简单的流水彩灯原理图

4. 元器件清单

表 2-1   任务一元器件清单

元件名称	搜索关键词	元件序号	数值	备注
电阻	Resistor	R1	10k	
电阻	Resistor	R2 ~ R9	470	
陶瓷电容器	CERAMIC22P	C1、C2	22p	
电解电容器	MINELECT1U63V	C3	10μ	
晶振	CRYSTAL	X1	12M	
单片机	AT89C52	U1		
发光二极管	LED-RED	D1 ~ D8		红色

5. 程序实现

要实现点亮发光二极管频率为 1Hz，可在控制输出相应的引脚为高电平点亮发光二极管后，采用程序延时的方法，延时时间为 1s。参考程序如下：

```
        ORG 0000H
        LJMP MAIN
        ORG 0100H
MAIN: MOV A,#01H
        CLR C
LOOP1:MOV P2,A
        ACALL DELAY
        RLC A
        JNC LOOP1
        SJMP MAIN
```

```
DELAY:MOV R7,#0AH
DEL1: MOV R6,#64H
DEL2: MOV R5,#0FAH
      DJNZ R5,$
      DJNZ R6,DEL2
      DJNZ R7,DEL1
      RET
      END
```

6. 拓展训练

在上述项目任务中，接口控制电路的的发光二极光采用共阴极的连结方法，如果把发光二极光采用共阳极的连接方法，程序如何实现循环依次点亮？点亮的频率为 1Hz。

任务二 带控制的流水彩灯设计

1. 基本知识点

MCS-51 单片机内部共有 P0 ~ P3 四组 I/O 口，这四组 I/O 口虽然既可以作为输入口使用，也可以作为输出口使用，但有区别。当 P0 口作为输出口使用时，由于内部的场效用管截止的输出电路的内部是开路，所以必须接上拉电阻才能输出高电平。P1 口内部有上拉电阻，可以直接驱动外部电路。P2 口和 P3 口内部有弱上拉电阻，不能直接驱动要有较强电流的外部电路，也必须接上拉电阻才能有足够的驱动力。

2. 内容描述

利用 MCS-51 单片机最小系统通过一个拨动开关实现 8 个发光二极管两种流水彩灯的控制，点亮的频率为 1Hz。第 1 种流水彩灯控制要求八个发光二极管循环依次一个亮、两个亮，直到全部亮为止；第 2 种流水彩灯控制要求 8 个发光二极管循环依次从外到内亮，每次亮两个。

3. 硬件原理图

硬件电路利用 AT89C52 单片机作控制，用 P1 口的 P1.0 作输入控制电路，用 P2 口作为输出控制电路。单片机检测到 P1.0 的输入状态为两种即高电平或低电平，在不同的输入状态时，P2 口控制 8 个发光二极管实现不同顺序亮和灭的方案。带控制的流水彩灯原理图如图 2-2 所示。

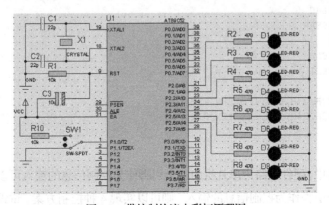

图 2-2 带控制的流水彩灯原理图

4. 元器件清单

表 2-2 　　　　　　　　　　　任务二元器件清单

元件名称	搜索关键词	元件序号	数值	备注
电阻	Resistor	R1	10k	
电阻	Resistor	R2 ~ R9	470	
陶瓷电容器	CERAMIC22P	C1，C2	22p	
电解电容器	MINELECT1U63V	C3	10μ	
晶振	CRYSTAL	X1	12M	
单片机	AT89C52	U1		
发光二极管	LED-RED	D1 ~ D8		红色
开关	SW-SPDT	SW1		

5. 程序实现

流水彩灯不同的控制方案可以做成不同的形式，程序通过读取开关的输入状态来判断执行不同的控制方案。执行方案时可以采用查表的方式。参考程序如下：

```
SWITCH   EQU  P1.0
         ORG 0000H
         LJMP MAIN
         ORG 0100H
    MAIN:MOV R4,#08H
         JB SWITCH,SW1
         MOV DPTR,#TAB1
         SJMP LOOP1
     SW1:MOV DPTR,#TAB2
LOOP1:CLR    A
         MOVC A,@A+DPTR
         MOV P2,A
         ACALL DELAY
         INC  DPTR
         DJNZ R4,LOOP1
      SJMP MAIN
DELAY:MOV R7,#0AH
DEL1: MOV R6,#64H
DEL2: MOV R5,#0FAH
     DJNZ R5,$
     DJNZ R6,DEL2
     DJNZ R7,DEL1
      RET
TAB1: DB 01H,03H,07H,0FH,1FH,3FH,7FH,0FFH
TAB2: DB 81H,42H,24H,18H,24H,42H,81H,00H
     END
```

6. 拓展训练

在上述项目任务中，硬件电路用单片机的一个引脚作为控制信息的输入可以实现 2 种控制方案。如果用单片机的 2 个引脚作为控制信息的输入，则可以实现 4 种控制方案。试设计硬件和编写软件，

实现用单片机的 3 个引脚作为控制信息的输入，其中 2 个引脚作为 4 种控制方案的信息输入，另外一个引脚作为两种点亮频率的信息输入，点亮频率分别为 1Hz 和 2Hz。

任务三　简单 I/O 口扩展的流水彩灯设计

1. 基本知识点

单片机的 I/O 口硬件资源毕竟是有限的，当单片机控制外部对象较多时，I/O 口现有的硬件资源难以满足外部控制对象的需要，为此可以对单片机的 I/O 口硬件资源进行扩展。单片机的 I/O 口硬件资源扩展有多种方法，这里使用 74HC595 芯片对 I/O 口硬件资源进行扩展。

74HC595 芯片是一个 8 位串行输入、并行输出带锁存的移位寄存器。其引脚图如图 2-3 所示：引脚 15 和引脚 1 ~ 7 为 8 位并行输出端 QA ~ QH，引脚 9 为级联输出端 SQH。引脚 13 是输出允许端 OE，低电平有效，高电平时禁止输出，呈高阻状态。引脚 10 是复位端 SCLR，低电平有效，使移位寄存器的数据清零。引脚 14 是串行数据输入端 SI，引脚 11 是移位寄存器时钟输入端 SCK，从串行输入端 SI 输入的数据在时钟输入端 SCK 的上升沿时移位，即 QA→QB→QC…→QH。引脚 12 是存储寄存器时钟的输入端 RCK，当存储寄存器的时钟在上升沿时，将移位寄存器的数据转存在存储寄存器。因此 74HC595 芯片在正常使用时，复位端 SCLR 要接高电平，输出允许端 G 复位端 SCLR 接低电平允许输出。从串行数据输入端 SI 每输入一位数据，移位寄存器时钟输入端 SCK 的脉冲要有一次有效的上升沿。当一个字节的 8 个位全部输入完毕后，存储寄存器时钟的输入端 RCK 的脉冲要有一次有效的上升沿使数据送到输出端。图 2-4 所示为 74HC595 芯片实物图。

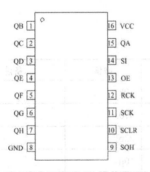

图 2-3　74HC595 引脚图

图 2-4　74HC595 实物图

74HC595 芯片的功能表如表 2-3 所示，其中 X 表示电平不确定，H 表示高电平，L 表示低电平。

表 2-3　　　　　　　　　　　　　74HC595 功能表

引脚 12	引脚 11	引脚 10	引脚 13	功　能
X	X	X	L	QA ~ QH 输出为低，呈高阻态
X	X	L	X	复位，移位寄存器清零
X	↑	H	X	串行数据写入到移位寄存器
↑	X	H	X	移位寄存器的数据传输到存储寄存器

2. 内容描述

在单片机最小系统中用 I/O 口的三个引脚通过 74HC595 芯片扩展为八位输出，实现任务二同样的流水彩灯控制。

3. 硬件原理图

硬件电路利用 AT89C52 单片机的 P2.0、P2.1 和 P2.2 扩展为 8 位的输出控制。为使 74HC595 芯片能正常工作，输出允许端 OE（引脚 13）必须接低电平，复位端 SCLR（引脚 10）必须接高电平。单片机数据从 P2.1 串行输出，移位寄存器同步时钟、存储寄存器同步时钟分别由 P2.0、P2.2 控制。简单 I/O 口扩展控制的流水彩灯原理图如图 2-5 所示。

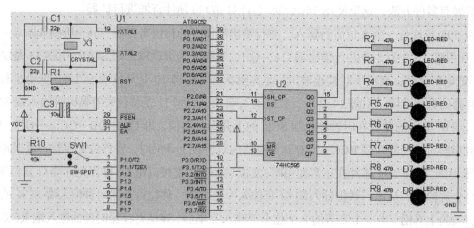

图 2-5　简单 I/O 口扩展的流水彩灯原理图

4. 元器件清单

表 2-4　　　　　　　　　　　　　　任务三元器件清单

元件名称	搜索关键词	元件序号	数值	备注
电阻	Resistor	R1	10k	
电阻	Resistor	R2 ~ R9	470	
陶瓷电容器	CERAMIC22P	C1、C2	22p	
电解电容器	MINELECT1U63V	C3	10μ	
晶振	CRYSTAL	X1	12M	
单片机	AT89C52	U1		
发光二极管	LED-RED	D1 ~ D8		红色
开关	SW-SPDT	SW1		
移位寄存器	74HC595	U2		

5. 程序实现

程序读取控制方案表的控制字按高位到低位一位一位地串行输出。每输一位后要控制移位寄存器同步时钟脉冲有一次有效的上升沿，直到控制字的 8 个位全部输出为止。然后再控制存储寄存器同步时钟脉冲有一次有效的上升沿，把移位寄存器的数据一次全部传输到存储寄存器在输出端输出。
参考程序如下：

```
SWITCH EQU    P1.0
CLK    EQU    P2.0
DTA    EQU    P2.1
RCLK   EQU    P2.2
       ORG 0000H
       LJMP MAIN
       ORG 0100H
MAIN: MOV R4,#08H
      JB SWITCH,SW1
      MOV DPTR,#TAB1
      SJMP LOOP1
SW1:  MOV DPTR,#TAB2
LOOP1:MOV R3,#08H
      CLR A
      MOVC A,@A+DPTR
      CLR C
LOOP2:RLC A
      CLR CLK
      MOV DTA,C
      NOP
      SETB CLK
      DJNZ R3,LOOP2
      CLR RCLK
      NOP
      NOP
      SETB RCLK
      ACALL DELAY
      INC DPTR
      DJNZ R4,LOOP1
      SJMP MAIN
DELAY:MOV R7,#0AH
DEL1: MOV R6,#64H
DEL2: MOV R5,#0FAH
      DJNZ R5,$
      DJNZ R6,DEL2
      DJNZ R7,DEL1
      RET
TAB1: DB 01H,03H,07H,0FH,1FH,3FH,7FH,0FFH
TAB2: DB 81H,42H,24H,18H,24H,42H,81H,00H
      END
```

6. 拓展训练

把多个 74HC595 芯片串连起来可以实现扩展多个 I/O 口，芯片 74HC595 串连时前一个的级联输出端 SQH 必须与后一个的串行数据输入端 SI 连接，为保持同步，各个芯片的移位寄存器同步时钟脉冲输入端、存储寄存器同步时钟脉冲输入端要并联在一起。如图 2-6 所示把二个 74HC595 芯片串连起来实现扩展 16 个 I/O 口，试编写程序，要求 16 个发光二极管循环依次一个亮、两个亮，直到 16 个发光二极管全部亮，点亮的频率为 1Hz。

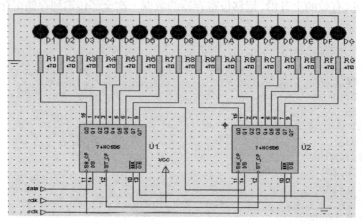

图 2-6　74HC595 连接扩展 I/O 口的流水彩灯控制原理图

任务四　简单的交通信号控制设计

1. 基本知识点

道路路口交通信号的控制对行驶在道路上车辆和人的生命安全具有重要的作用。道路路口的交通信号分为东南西北四个方向，每个方向包含人行红灯、人行绿灯、左转绿灯、直行绿灯、车道红灯和车道黄灯等。利用 MCS-51 单片机来控制交通信号，其现有的 I/O 口硬件资源是难于满足控制对象的需要，所以要利用如 74HC595 芯片来扩展 I/O。在系统开始上电后为保证正在道路上行驶车辆的安全，必须首先采取的安全措施，先在四个方向上闪一定时间的黄灯，然后四个方向上禁止通行亮一定时间的红灯后，再按设定的控制方案控制交通信号。交通信号控制方案执行可以根据实际分为多个步骤。

2. 内容描述

利用 AT89C52 单片机控制发光二极管模拟交通信号灯的变化规律。交通信号灯的灯色控制方案如表 2-5 所示。

表 2-5　　　　　　　　　　　交通信号灯色控制方案表

步伐	时间	东西路口车道				东西路口人行道		南北路口车道				南北路口人行道	
		红	黄	左绿	直绿	红	绿	红	黄	左绿	直绿	红	绿
1	10s	0	1	0	0	1	0	0	1	0	0	1	0
2	5s	1	0	0	0	1	0	1	0	0	0	1	0
3	10s	0	0	1	0	1	0	1	0	0	0	0	1
4	15s	0	0	1	1	1	0	1	0	0	0	0	1
5	3s	0	1	0	0	1	0	1	0	0	0	1	0
6	10s	1	0	0	0	0	1	0	0	1	0	1	0
7	15s	1	0	0	0	0	1	0	0	1	1	1	0
8	3s	1	0	0	0	1	0	0	1	0	0	1	0

在上表中，"1"表示相应方向的交通信号灯色亮，"0"表示相应方向的交通信号灯色灭。其中步伐"1"和步伐"2"是在系统开始上电后为保证正在道路上行驶车辆的安全所采取的安全措施，其余步伐才是正常的交通信号灯色控制，每次执行步伐控制灯色的时间如表所示。执行的顺序为：步伐"1"→步伐"2"→步伐"3"→步伐"4"→步伐"5"→步伐"6"→步伐"7"→步伐"8"，然后再从步伐"3"开始重复循环执行。

3. 硬件原理图

简单的交通信号控制原理图如图2-7所示。用4片74HC595芯片把AT89C52单片机的P2.0、P2.1和P2.2扩展为32位的输出控制，每片74HC595芯片控制一个方向，每个方向对应为八个交通信号灯色的控制，即双向2个人行红灯、双向2个人行绿灯、1个左转绿灯、1个直行绿灯、1个车道红灯和1个车道黄灯。为使四个74HC595芯片都能同时正常工作，输出允许端G（引脚13）必须接低电平，复位端SCLR（引脚10）必须接高电平。单片机数据从P2.1串行输出，移位寄存器同步时钟、存储寄存器同步时钟分别由P2.0、P2.2控制。

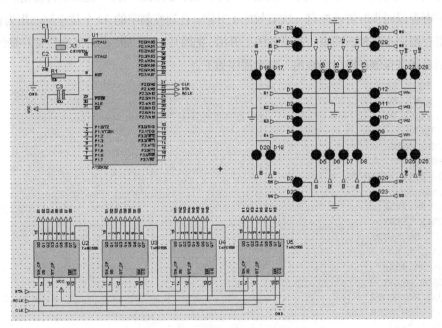

图 2-7 简单的交通信号控制原理图

4. 元器件清单

表 2-6   任务四元器件清单

元件名称	搜索关键词	元件序号	数　　值	备　注
电阻	Resistor	R1	10k	
电阻	Resistor	R2 ~ R9	470	
陶瓷电容器	CERAMIC22P	C1、C2	22p	
电解电容器	MINELECT1U63V	C3	10μ	

续表

元件名称	搜索关键词	元件序号	数　值	备　注
晶振	CRYSTAL	X1	12M	
单片机	AT89C52	U1		
发光二极管	LED-RED	D1 ~ D16		红色
发光二极管	LED-YELLOW	D17 ~ D20		黄色
发光二极管	LED-GREEN	D21 ~ D32		绿色
开关	SW-SPDT	SW1		
移位寄存器	74HC595	U2		

5. 程序实现

　　程序用 4 个字节来表示 4 个方向的交通信号灯色的控制,在执行控制交通信号时每次读取一个步骤 4 个方向的交通信号灯色控制字,然后控制字按高位到低位一位一位地串行输出。每输一位后要控制移位寄存器同步时钟脉冲有一次有效的上升沿,直到控制字的 32 个位全部输出为止。然后再控制存储寄存器同步时钟脉冲有一次有效的上升沿,把四片 74HC595 芯片的移位寄存器的数据一次全部传输到存储寄存器在输出端输出。参考程序如下:

```
    CLK    EQU    P2.0
    DTA    EQU    P2.1
    RCLK   EQU    P2.2
    ORG  0000H
        LJMP  MAIN
        ORG  0100H
MAIN: MOV DPTR,#STARTAB
        ACALL SPRJ
        MOV R4,#05H
LOOP1:ACALL DELAY
        DJNZ R4,LOOP1
        ACALL SPRJ
        MOV R4,#14H
LOOP2:ACALL DELAY
        DJNZ R4,LOOP2
LOOP3:MOV DPTR,#CTR_TAB
        ACALL SPRJ
        MOV R4,#14H
LOOP4:ACALL DELAY
        DJNZ R4,LOOP4
        ACALL SPRJ
        MOV R4,#28H
LOOP5:ACALL DELAY
        DJNZ R4,LOOP5
        ACALL SPRJ
        MOV R4,#06H
LOOP6:ACALL DELAY
        DJNZ R4,LOOP6
        ACALL SPRJ
        MOV R4,#14H
```

```
LOOP7:ACALL DELAY
      DJNZ R4,LOOP7
      ACALL SPRJ
      MOV R4,#28H
LOOP8:ACALL DELAY
      DJNZ R4,LOOP8
      ACALL SPRJ
      MOV R4,#06H
LOOP9:ACALL DELAY
      DJNZ R4,LOOP9
      SJMP LOOP3
      SJMP MAIN
SBYTE:MOV R3,#08H
      CLR C
SLOOP:RRC A
      CLR CLK
      MOV DTA,C
      NOP
      SETB CLK
      DJNZ R3,SLOOP
      RET
SPRJ: MOV R2,#04H
PLOOP:CLR A
      MOVC A,@A+DPTR
      CLR C
      ACALL SBYTE
      INC DPTR
      DJNZ R2,PLOOP
      CLR  RCLK
      NOP
      NOP
      SETB RCLK
      RET
DELAY:MOV R7,#0AH
DEL1: MOV R6,#64H
DEL2: MOV R5,#0FAH
      DJNZ R5,$
      DJNZ R6,DEL2
      DJNZ R7,DEL1
      RET
STARTAB: DB 8AH,8AH,8AH,8AH,4AH,4AH,4AH,4AH
CTR_TAB: DB 45H,1AH,45H,1AH,45H,3AH,45H,3AH,4AH,8AH,4AH,8AH
         DB 1AH,45H,1AH,45H,3AH,45H,3AH,45H,8AH,4AH,8AH,4AH
      END
```

6. 拓展训练

如果硬件电路用单片机的一个引脚作为控制信息的输入，实现模拟两种交通信号灯色的控制方案。试设计硬件和软件，实现在不同的时间段上通过拨动开关执行不同的交通信号灯色控制方案。交通信号灯色控制换方案时要注意重新从黄灯闪开始。

项目三

| 简单数字电压表设计 |

知识目标：

- 了解 MCS-51 单片机中断系统的原理及应用。
- 掌握 MCS-51 单片机中断服务子程序的基本结构及设计应用。
- 了解 LED 显示数码管和 A/D 转换器 ADC0809 的工作原理。
- 掌握 MCS-51 单片机与 LED 显示数码管、A/D 转换器 ADC0809 的接口技术应用。

任务一　单个数码管的数字显示控制设计

1. 基本知识点

　　LED 数码管是由做成点或线形式的多个发光二极管组成，当这些发光二极管加正向电压导通时，LED 就显示不同的数字或简单字符，八段数码管电路原理图如图 3-1 所示，图 3-2 所示为八段数码管的实物图。根据数码管发光二极管公共端的不同，可以将数码管分为共阴极数码管和共阳极数码管。共阳极数码管是把发光数码管的所有阳极连接在一起，作为公共控制端，把发光二极管的阴极作为某个笔划或显示段的控制端。当共阳极数码管要显示某个数字或简单的字符时，公共控制端必须加高电平，显示控制端必须加低电平。共阴极数码管是把发光二极管的所有阴极连接在一起，作为公共控制端，把发光二极管的阳极作为某个笔划或显示段的控制端。当共阴极数码管要显示某个数字或简单的字符时，公共控制端必须加低电平，显示控制端必须加高电平。根据数码管所有段的不同亮灭组合就能形成不同的字形，这种组合称为段码字。

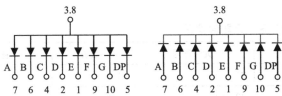

图 3-1　八段数码管电路原理图

图 3-2　数码管实物图

表 3-1 所示为共阴极型数码管和共阳极型数码管显示的数字字符段码表。

表 3-1　　　　　　　　　　　数码管显示的数字字符段码表

显示字形	段码（按 h～a 排列）字		显示字形	段码（按 h～a 排列）字	
	共阴极型	共阳极型		共阴极型	共阳极型
0	3FH	C0H	8	7FH	80H
1	06H	F9H	9	6FH	90H
2	5BH	A4H	A	77H	88H
3	4FH	B0H	B	7CH	83H
4	66H	99H	C	39H	C6H
5	6DH	92H	D	5EH	A1H
6	7DH	82H	E	79H	86H
7	07H	F8H	F	71H	8EH

2. 内容描述

利用 AT89C51 单片机控制一个共阴数码管循环显示数字 0～9，数字显示时间间隔为 1s。

3. 硬件原理图

将 AT89C51 单片机的 P2 口的 P2.0～P2.6 引脚通过限流电阻分别连接到一个共阴数码管的 a～g 段上，数码管的公共端接地。图 3-3 所示为单个数码管的数字显示控制原理图。

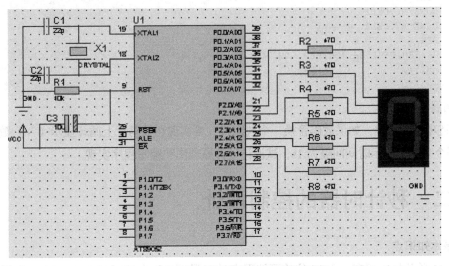

图 3-3　单个数码管的数字显示控制原理图

4. 元器件清单

表 3-2　　　　　　　　　　　　　任务一元器件清单

元件名称	搜索关键词	元件序号	数值	备注
电阻	Resistor	R1	10k	
电阻	Resistor	R2 ~ R8	470	
陶瓷电容器	CERAMIC22P	C2、C3	22p	
电解电容器	MINELECT1U63V	C1	4.7μ	
晶振	CRYSTAL	X1	12M	
单片机	AT89C52	U1		
数码管	7SEG-COM-CAT-GRN	LED1		共阴极绿色

5. 程序实现

由于显示的数字 0 ~ 9 的段码字没有规律可循,采用查表的方式可以使程序更简单。按照数字 0 ~ 9 的顺序,在程序中建立段码表。参考程序如下:

```
ORG   0000H
      LJMP MAIN
      ORG 0100H
MAIN: MOV  DPTR,#TAB
LOOP1:CLR A
      MOVC A,@A+DPTR
      CJNE A,#1AH,LOOP2
      SJMP MAIN
LOOP2:MOV  P2,A
      ACALL DELAY
      INC  DPTR
      SJMP LOOP1
DELAY:MOV R7,#0AH
DEL1: MOV R6,#64H
DEL2: MOV R5,#0FAH
      DJNZ R5,$
      DJNZ R6,DEL2
      DJNZ R7,DEL1
      RET
TAB:  DB 3FH,06H,5BH,4FH,66H,6DH,7DH,07H,7FH,6FH
      DB 1AH              ;结束标志
      END
```

6. 拓展训练

在上述项目任务中,如果数码管换一个共阳极,要实现在数码管上循环显示 0 ~ 9 数字和字符 A ~ F,每个字符的显示时间间隔为1s,试设计硬件原理图和编写程序实现。

任务二　秒计时器的控制设计

1. 基本知识点

MCS-51 单片机内部有 2 个 16 位的可编程定时/计数器,称为 T0 和 T1。T0 和 T1 既可以作定时器用，也可以作计数器用。当作定时器用时，是对单片机内部的机器周期脉冲进行计数，由于单片机的外部晶振是固定的，则机器周期也是定值，故对机器周期进行计数能确定时间。当作计数器使用时，是对单片机外部的脉冲进行计数，外部脉冲通过引脚 P3.4 或 P3.5 输入到单片机内部的脉冲计数器，每输入一个脉冲，脉冲计数器加 1。T0 和 T1 的工作方式由模式控制寄存器 TMOD 来决定，TMOD 格式如下所示。

D7	D6	D5	D4	D3	D2	D1	D0
GATE	$C/\overline{T}$	M1	M0	GATE	$C/\overline{T}$	M1	M0

其中，寄存器 TMOD 的低四位为 T0 的控制字，高四位为 T1 的控制字，它们表示的含义完全相同。

（1）GATE：门控制位。当 GATE=0 时，控制寄存器 TCON 控制位 TR1 或 TR0 置 1 就能启动定时器；当 GATE=1 时，控制寄存器 TCON 的控制位 TR1 或 TR0 也必须置 1，同时 P3.2 或 P3.3 也必须是高电平时，才能启动定时器，即当 GATE=1 时由外部中断来启动定时器。

（2）$C/\overline{T}$：定时或计数的选择位。$C/\overline{T}$=0 时设置为定时工作方式，$C/\overline{T}$=1 时设置为计数工作方式。

（3）M1 和 M0：为定时/计数的工作方式选择位。定义如下所示：

M1	M0	工作方式	功能说明
0	0	方式 0	13 位计数器
0	1	方式 1	16 位计数器
1	0	方式 2	初值自动重装载的 8 位计数器
1	1	方式 3	T0：分成两个 8 位定时器。T1：停止计数

在不同的工作方式中，适当的设置初值可以准确地定时和对外部脉冲计数。T0 和 T1 设置的初值高字节存放在 TH0 和 TH1 寄存器中，低字节存放在 TL0 和 TL1 寄存器中。定时和计数的初值计算如下：

$$计数初值 = 计数最大值 - 计数值$$
$$定时初值 = 计数最大值 - 计数值 \times 机器周期$$

如在 12MHz 的晶振下，单片机的机器周期为 $1\mu s$，采用方式 1 定时 50ms，则定时初值的计算为：65536-50000=15536=3CB0H，高 8 位存放在 TH 寄存器，低 8 位存放在 TL 寄存器。

TCON 为定时/计数器控制寄存器，控制定时/计数器的启动、停止、标记溢出和中断情况等，TCON 格式如下所示。

TCON	TF1	TR1	TF0	TR0			
位地址	8FH	8EH	8DH	8CH	8BH	8AH	89H	88H

其中，TF0 和 TF1 分别表示 T0 和 T1 的溢出标志位。当其计数满溢出时，由硬件自动对相应的位置 1，如在中断允许的情况下，则向 CPU 发出中断请求，中断允许后则进入中断服务程序，再由

硬件自动清 0。T0 和 T1 的中断服务子程序的入口地址分别为 000BH、001BH。在中断不允许的情况下，只能由软件来清 0。TR0 和 TR1 分别表示 T0 和 T1 的运行控制位，由软件清 0 或置 1 来控制定时/计数的关闭或启动。

要使 CPU 能够响应 T0 和 T1 的中断请求，还必须在中断允许寄存器 IE 中对中断允许总控制位和相应中断允许控制进行设置，中断允许寄存器 IE 格式如下所示。

IE	EA			ES	ET1	EX1	ET0	EX0
位地址	AF			AC	AB	AA	A9	A8

其中，EA 表示中断允许总控制位，当 EA=0 时，所有的中断源的中断请求均被关闭；当 EA=1 时，所有中断源的中断请求均被开放，但中断源的中断请求最终能否被 CPU 响应，还要取决于相应中断允许控制的状态。ET0 和 ET1 分别表示 T0 和 T1 的中断允许控制位。当 T0 和 T1 向 CPU 发出中断请求时，如果 ET0 和 ET1 被设置为 1，并且 EA 也设置为 1，那么 CPU 响应 T0 和 T1 的中断请求。程序直接进入中断服务子程序处理中断，中断处理完成后直接回到原程序的断点位置，继续执行原来的程序。

2. 内容描述

用 2 个共阴极数码管循环显示一分钟内秒的倒计时，其中一个数码管显示秒的十位数字，另一个数码管显示秒的个位数字。当倒计时小于 10s 时，显示十位数字的数码管要显示零。每秒数码管显示的数字改变一次。要求用定时器来计算时间，不能采用程序延时的方法。

3. 硬件原理图

在 AT89C52 单片机的 P2 和 P3 端口分别接 2 个共阴极数码管的段选上，数码管的公共端接地。P3 口控制驱动秒时间十位数字的显示，P2 口控制驱动秒时间个位数字的显示。简单的秒表计时器控制原理如图 3-4 所示。

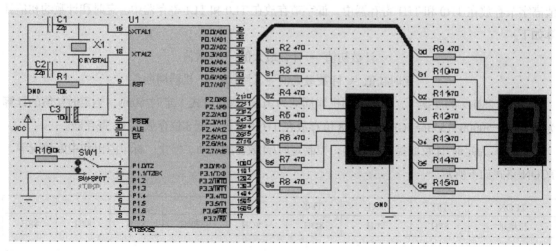

图 3-4　简单的秒计时器控制原理图

4. 元器件清单

表 3-3 　　　　　　　　　　　任务二元器件清单

元件名称	搜索关键词	元件序号	数值	备注
电阻	Resistor	R1	10k	
电阻	Resistor	R2 ~ R15	470	
陶瓷电容器	CERAMIC22P	C2、C3	22p	
电解电容器	MINELECT1U63V	C1	4.7μ	
晶振	CRYSTAL	X1	12M	
开关	SW-SPDT	SW1		
单片机	AT89C52	U1		
数码管	7SEG-COM-CAT-GRN			绿色共阴极

5. 程序实现

由于用定时器来计算时间，而定时器的最大定时时间只有 65ms，因此要完成定时时间为 1s，可以先用定时器定时 50 ms，连续定时 20 次则刚好是 1s。在程序上用一个存储单元作为秒计数单元，当定时时间 1s 到来时，秒计数单元减 1。当秒计数单元减到 0 时，再减 1 就自动返回到 59 后重新计数。对于秒计数单元数据在数码管上显示，可以采用对 10 整除求商和余数的方法把它的十位数和个位数分开，通过查表方式完成。参考程序如下：

```
       TIMNUM  EQU   30H              ;定时次数
       TIMVLU  EQU   31H              ;时间值
       SWITCH  EQU   P1.0
        ORG   0000H
              LJMP MAIN
              ORG 000BH
              LJMP SEVTIM0
              ORG 0100H
       MAIN: CLR EA
              MOV   TMOD,#01H
              MOV   TL0,#3CH
              MOV   TH0,#0B0H
              SETB  ET0
              SETB  TR0
              MOV   DPTR,#TAB
              MOV   TIMVLU,#00H       ;时间值
              SETB  EA
       LOOP1:JB    SWITCH,LOOP2
              MOV   TIMVLU,#00H
              MOV   TIMNUM,#00H       ;定时次数
       LOOP2:MOV   A,TIMVLU          ;时间值
              MOV   B,#0AH
              DIV   AB
              MOVC  A,@A+DPTR
              MOV   P2,A
              MOV   A,B
```

```
        MOVC  A,@A+DPTR
        MOV   P3,A
        SJMP LOOP1
SEVTIM0:
        PUSH  ACC
        MOV   TH0,#3CH
        MOV   TL0,#0B0H
        INC   TIMNUM          ;定时次数
        MOV   A,TIMNUM
        CJNE  A,#0AH,TIM0_END
        MOV   TIMNUM,#00H      ;定时次数
        INC   TIMVLU          ;时间值
        MOV   A,TIMVLU        ;时间值
        CJNE  A,#3CH,TIM0_END
        MOV   TIMVLU,#00H      ;时间值
TIM0_END: POP  ACC
        RETI
TAB: DB  3FH,06H,5BH,4FH,66H,6DH,7DH,07H,7FH,6FH
        END
```

6. 拓展训练

用上述项目任务中的原理图试修改程序，实现循环显示数字 0 ~ 9。显示如下：01→12→23···→89→90→01，显示数字更换的时间为 1s。

任务三　多个数码管的动态显示设计

1. 基本知识点

LED 数码管的显示方式有两种：静态显示和动态显示。静态显示是使数码管的有关笔段一直处在点亮的状态，这种显示方式功耗大，占用的硬件资源多，大大地增加了硬件电路的复杂性和硬件成本，只能适合在显示位数极少的场合。

动态显示也称扫描显示，是一种按个循环点亮数码管的显示方式，即在某一时刻只有一个数码管被点亮，其他数码管都处在灭的状态。这种显示方式功耗小，占用的硬件资源少，硬件电路简单，大大地降低了硬件成本，适合在显示位数较多的场合。

多个数码管的内部电路结构把所有数码管相应的段控制端并联在一起，各个数码管的公共端相互独立为位选择控制端。图 3-5 所示为一体数码管实物图。多个数码管动态显示时，先把要显示的字型段码字送入段控制端，然后选中要显示数码管的位选择控制端，使被选中的数码管显示，其他数码管则在灭的状态，如此一个一个数码管不断循环显示。由于人的眼睛存在"视觉驻留效应"，只要能保证每个数码管被点亮的时间间隔小于视觉驻留效应时间，就可以产生一种数码管全部被点亮的视觉效果。

图 3-5　一体数码管实物图

2. 内容描述

用单片机控制一个四位的共阴极 LED 数码管显示字符'1234'。采用动态显示的方式，要求视

觉效果是 4 位数码管全部被点亮并显示 '1234'，时间间隔的计算用定时器的方式。

3. 硬件原理图

显示电路由 4 个共阴极 LED 数码管构成，采用动态显示的连接方式。利用 AT89C52 单片机的 P2 口输出控制显示的段码，P1 口的低四位输出控制位选端。数码管由一片八同相三态缓冲器/线驱动器 74LS245 作段选驱动，位选驱动用一片六反相驱动器 74LS06 驱动。图 3-6 所示为多个数码管动态显示控制原理图。

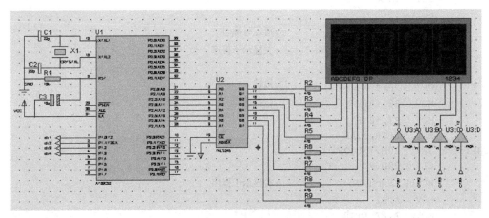

图 3-6　多个数码管动态显示控制原理图

4. 元器件清单

表 3-4　　　　　　　　　任务三元器件清单

元件名称	搜索关键词	元件序号	数值	备注
电阻	Resistor	R1	10k	
电阻	Resistor	R2 ~ R9	470	
陶瓷电容器	CERAMIC22P	C2、C3	22p	
电解电容器	MINELECT1U63V	C1	4.7μ	
晶振	CRYSTAL	X1	12M	
单片机	AT89C52	U1		
数码管	7SEG-MPX4-CC	LED1		
同相驱动	74LS245	U2		
反相驱动	74LS06	U3		

5. 程序实现

用定时器来产生 5 ms 的定时时间，小于人的眼睛视觉驻留效应时间。每次到了定时时间显示一位数码管，四个数码管循环显示一遍的时间也只有 20 ms。程序在控制显示字符时先输出字型段码控制字，再输出位选控制，显示字符的段码控制字通过查表方式完成。为保持数码管字符显示的顺畅，不会出现段显亮闪，程序每次切换字符显示时要清屏。参考程序如下：

```
ORG       0000H
          LJMP  MAIN
          ORG   000BH
          LJMP  SEV_TIM0
          ORG   0100H
MAIN:     CLR   EA
          MOV   TMOD,#01H
          MOV   TL0,#1AH
          MOV   TH0,#0FCH
          SETB  ET0
          SETB  TR0
          CLR   20H.7            ;清定时标志
          ACALL CLR_DIS          ;关显示子程序
          SETB  EA
LOOP:     MOV   R1,#01H          ;段选
          MOV   R0,#01H          ;位选线
          MOV   R7,#04H
          MOV   DPTR,#TAB
LOOP1:    JNB   20H.7,LOOP1
          CLR   20H.7
          ACALL CLR_DIS          ;关显示子程序
          MOV   A,R1
          MOVC  A,@A+DPTR
          ACALL DISPLAY
          INC   R1
          MOV   A,R0
          RL    A
          MOV   R0,A
          DJNZ  R7,LOOP1
          SJMP  LOOP
;==============================================;
;关显示子程序，无入口参数和出口参数            ;
;==============================================;
CLR_DIS:  CLR   A
          MOV   P1,A
          NOP
          NOP
          NOP
          RET
;==============================================;
;显示子程序                                    ;
;==============================================;
DISPLAY:  MOV   P2,A
          MOV   A,R0
          MOV   P1,A
          RET
;==============================================;
;定时器中断服务子程序，基本定时 1MS            ;
;==============================================;
SEV_TIM0: MOV   TL0,#1AH
          MOV   TH0,#0FCH
          SETB  20H.7    ;清定时标志
```

```
          RETI
TAB:      DB    3FH,06H,5BH,4FH,66H,6DH,7DH,07H,7FH,67H;"0123456789"
          END
```

6. 拓展训练

在上述项目任务的原理图中增加一个拨动开关连接到一位 I/O 口作为信息的输入，编写程序实现：当输入信息为高电平时，数码管循环显示字符'1234'；当输入信息为低电平时，数码管循环显示字符'ABCD'。

任务四　简易电压报警控制设计

1. 基本知识点

中断是指单片机在正常执行程序的过程中，外部设备突然出现异常情况而向单片机发出的请求处理信号，要求单片机暂时停止正在执行的程序，转去执行异常情况的处理程序，当异常情况的处理程序执行完成之后，再继续执行原来被暂停的程序。中断是单片机系统的一个重要资源，可以大大提高单片机的工作效率。

单片机的外部中断源有 INT0 和 INT1 两个，与引脚 P3.2 和 P3.3 连接。触发产生外部中断的条件及单片机响应外部中断请求的中断标志在 TCON 为定时/计数器控制寄存器中，格式如下所示。

TCON					IE1	IT1	IE0	IT0
位地址	8FH	8EH	8DH	8CH	8BH	8AH	89H	88H

其中，TE0 和 TE1 分别表示 INT0 和 INT1 的中断请求标志位。当 CPU 检测到有外部中断请求时，相应的中断请求标志位会被硬件自动置位；当 CPU 响应中断请求并执行相应的中断服务程序后，中断请求标志位会被自动清除。INT0 和 INT1 的中断服务程序的入口地址分别为 0003H 和 0013H。IT0 和 IT1 分别表示 INT0 和 INT1 的中断触发条件标志位。TT0 或 TT1 为低电平时，单片机引脚 P3.2 或 P3.3 低电平触发中断请求；TT0 或 TT1 为高电平时，单片机引脚 P3.2 或 P3.3 下降沿触发中断请求。

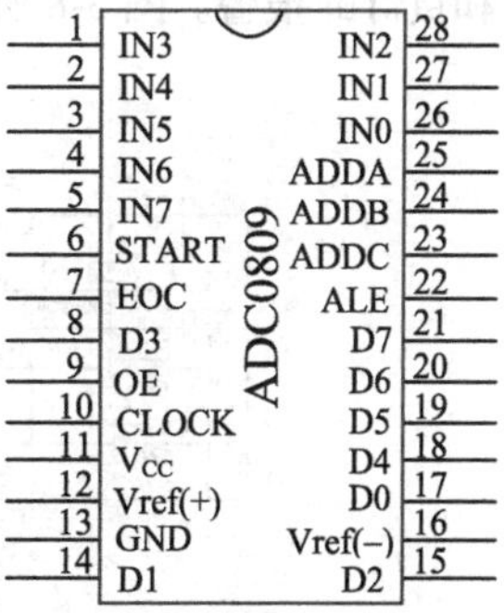

A/D 转换是将输入的模拟电压信号转换为单片机能够识别的数字信号。A/D 转换器是单片机应用系统中重要的硬件接口技术，是与外部设备进行数据交换必不可少的器件，常见的 A/D 转换器有 ADC0809 芯片等。ADC0809 是 8 位逐次逼近式 A/D 转换器，具有 8 个模拟量的输入通道，A/D 转换时间为 100μs，图 3-7 所示为 ADC0809 的引脚图。

图 3-7　ADC0809 引脚图

（1）IN0～IN1：8 路模拟量信号的输入通道，但在同一时刻只能有一路通道进行 A/D 转换。

（2）ADDC、ADDB、ADDA：8 路模拟信号的输入通道选择位。

（3）D7～D0：A/D 转换后数字信号的输出端，与单片机数据线直接连接。

（4）ALE：地址锁存允许输入信号。在上升沿时，将 ADDC、ADDB 和 ADDA 的状态送入地址锁存器中，经译码后输出模拟信号输入通道。

（5）START：转换启动信号。在上升沿时对内部寄存器清零；在下降沿时开始进行 A/D 转换，转换期间要保持低电平。

（6）OE：数据输出允许信号，用来控制三态输出锁存器输出 A/D 转换的数据。为低电平时呈高阻状态，高电平时输出转换数据。

（7）CLOCK：时钟输入信号。ADC0809 的内部没有时钟电路，所需要的时钟信号要由外部提供。一般使用 500Hz 频率的时钟信号。

（8）EOC：A/D 转换结束标志。A/D 转换启动后，硬件自动设置为低电平；A/D 转换结束后，硬件自动设置为高电平。

（9）Vref：模拟量输入信号的参考电压。参考电压用来与输入模拟量信号进行比较，作为逐次逼近的基准。

2. 内容描述

用 ADC0808 芯片进行 A/D 转换测量模拟信号，模拟信号的最大输入电压为 5V，可用可调电阻的调节来模拟输入信号量。当模拟信号的电压值大于 3V 时给予亮红灯报警，小于 1V 时给予亮黄灯。要求采用外部中断的方式通知单片机 A/D 转换是否结束。

3. 硬件原理图

用可调电阻 RV1 的调节来模拟输入信号量，信号经 A/D 转换器 ADC0808 的通道 0 输入。ADC0808 的输入信号参考电压为 5V，分配 I/O 地址为 0000H。ADC0808 进行 A/D 转换后，A/D 转换结束标志通过 74LS04 反向器连接到单片机的外部中断 $\overline{\text{INT0}}$ 。单片机引脚 P3.0 、P3.1 分别控制红灯和黄灯的报警。图 3-8 所示为简易的电压报警控制原理图。

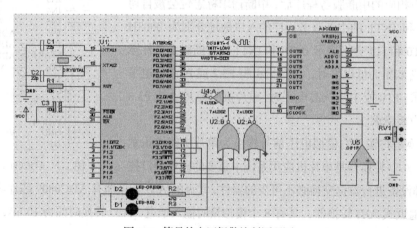

图 3-8　简易的电压报警控制原理图

ADC0809 的内部没有时钟电路，要使 ADC0808 能正常工作，必须为之提供同步时钟信号。在信号发生器中选择时钟信号发生器（见图 3-9），设置频率为 500Hz（见图 3-10），连接到 ADC0809 的时钟信号输入端。

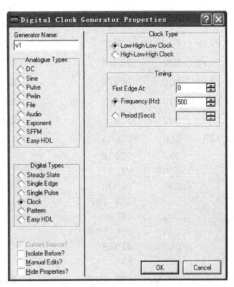

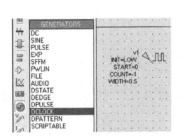

图 3-9　信号发生器选择　　　　　　　　图 3-10　时钟信号的频率设置

4. 元器件清单

表 3-5　　　　　　　　　　　　　　任务四元器件清单

元件名称	搜索关键词	元件序号	数值	备注
电阻	Resistor	R1	10k	
电阻	Resistor	R2 ~ R9	470	
电位器	POT-HG	RV1	100k	
陶瓷电容器	CERAMIC22P	C2、C3	22p	
电解电容器	MINELECT1U63V	C1	4.7μ	
晶振	CRYSTAL	X1	12M	
单片机	AT89C52	U1		
2 输入端或非门	74LS02	U2		
A/D 转换器	ADC0809	U3		
反相器	74LS04	U4		
理想运放	OP1P	U5		

5. 程序实现

程序要实现当模拟信号电压值大于 3V 或小于 1V 时控制报警，关键是模拟信号电压经 A/D 转换后对应的数字信息表示。取得数字信息的计算公式如下：设置值×255÷5，则设置的模拟信号报警电压值 3V、1V 的数字信息表示分别为 0CCH 和 33H。程序控制 ADC0808 进行 A/D 转换并实时检测模拟信号的电压，一旦检测读入的数字信息大于 033H 或小于 33H，则控制发光二极管亮红灯或黄灯报警。参考程序如下：

```
RED_LED     EQU     P3.1            ;黄色指示灯
YEL_LED     EQU     P3.0            ;红色指示灯
OV_Flag     EQU     20H.7           ;A/D 转换结束标志
ST_Flag     EQU     20H.6           ;A/D 转换启动标志
TM_Flag     EQU     20H.4           ;时间标志
AD_VALUE    EQU     30H             ;A/D 转换值
TM_LEN      EQU     31H             ;定时长度
AD_ADR      EQU     0000H           ;A/D 的地址
            ORG     0000H
            LJMP    MAIN
            ORG     0003H
            LJMP    SEV_INIT0
            ORG     000BH
            LJMP    SEV_TIM0
            ORG     0100H
    MAIN:   CLR     EA
            ACALL   SYS_INIT        ;系统初始化
            CLR     ST_Flag         ;A/D 转换启动标志
            CLR     OV_Flag         ;A/D 转换结束标志
            CLR     YEL_LED         ;黄色指示灯
            CLR     RED_LED         ;红色指示灯
            CLR     A
            MOV     AD_VALUE,A      ;A/D 转换值
            MOV     DPTR,#AD_ADR    ;A/D 的地址
            SETB    EA
    LOOP:   JB      ST_Flag,LOOP1   ;A/D 转换启动标志
            MOVX    @DPTR,A
            SETB    ST_Flag         ;A/D 转换启动标志
            SJMP    LOOP
    LOOP1:  JNB     OV_Flag,LOOP2   ;A/D 转换结束标志
            CLR     ST_Flag         ;A/D 转换启动标志
            CLR     OV_Flag         ;A/D 转换结束标志
            MOVX    A,@DPTR
            MOV     AD_VALUE,A      ;A/D 转换值
    LOOP2:  MOV     A,AD_VALUE      ;A/D 转换值
            SUBB    A,#0CCH
            JNC     LOOP3
            MOV     A,AD_VALUE      ;A/D 转换值
            SUBB    A,#33H
            JC      LOOP4
            CLR     RED_LED         ;黄色指示灯
            CLR     YEL_LED         ;红色指示灯
            SJMP    LOOP_END
    LOOP3:  ACALL   DIS_RED         ;红色指示灯闪子程序
            SJMP    LOOP_END
    LOOP4:  ACALL   DIS_YEL         ;黄色指示灯闪子程序
```

```
LOOP_END: SJMP LOOP
;============================================;
;系统初始化子程序，无入口参数和出口参数          ;
;============================================;
SYS_INIT:  MOV    TMOD,#01H
           MOV    TH0,#3CH
           MOV    TL0,#0B0H
           SETB   ET0
           SETB   TR0
           SETB   IT0                    ;设置 INT0 边沿触发
           SETB   EX0                    ;开外部中断 0 中断
           RET
;============================================;
;外部中断 0 服务子程序                         ;
;============================================;
SEV_INIT0:
           SETB   OV_Flag                ;A/D 转换结束标志
           RETI
;============================================;
;定时器中断服务子程序，基本定时 50ms            ;
;============================================;
SEV_TIM0:  PUSH   ACC
           MOV    TH0,#3CH
           MOV    TL0,#0B0H
           INC    TM_LEN                 ;定时长度
           MOV    A,TM_LEN
           CJNE   A,#05H,TIM0_END
           CPL    TM_Flag                ;时间标志
           MOV    TM_LEN,#00H            ;定时长度
TIM0_END:  POP    ACC
           RETI
;============================================;
;红色指示灯闪子程序，入口参数 TM_Flag,无出口参数;
;============================================;
DIS_RED:CLR     YEL_LED                  ;黄色指示灯
        JNB     TM_Flag,DIS_RED1         ;时间标志
        CLR     RED_LED                  ;红色指示灯
        SJMP    DIS_RED2
DIS_RED1: SETB   RED_LED                 ;红色指示灯
DIS_RED2: RET
;============================================;
;黄色指示灯闪子程序，入口参数 TM_Flag,无出口参数;
;============================================;
DIS_YEL:  CLR    RED_LED                 ;红色指示灯
          JNB    TM_Flag,DIS_YEL1        ;时间标志
          CLR    YEL_LED                 ;黄色指示灯
          SJMP   DIS_YEL2
DIS_YEL1: SETB   YEL_LED                 ;黄色指示灯
DIS_YEL2: RET
          END
```

6. 拓展训练

在上述项目任务中为达到更好的报警效果，要求在单片机引脚 P3.3 上连接增加一个蜂鸣器来进行声光报警，如图 3-11 所示。试编写程序实现：不管是亮黄灯还是红灯，蜂鸣器要鸣声。

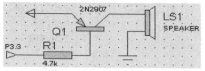

图 3-11　声光报警电路

任务五　简单数字电压表的设计

1. 内容描述

利用 A/D 转换器 ADC0808 制作一个简易的数字电压表，在单片机的控制下对直流电压进行实时检测，并把检测的电压值在数码管中显示出来，要求精确到小数点一位数。

2. 硬件原理图

单片机分配给 A/D 转换器 ADC0808 的 I/O 地址为 0000H，由 P1 口控制共阴极数码管的段选端，P3.0 和 P3.1 控制数码管的位选端。测量的直流电压通过通道 0 输入 A/D 转换器 ADC0808，A/D 转换结束后 ADC0808 通过 74LS04 反向器连接到单片机的外部中断 $\overline{\text{INT0}}$。图 3-12 所示为简易数字电压表原理图。

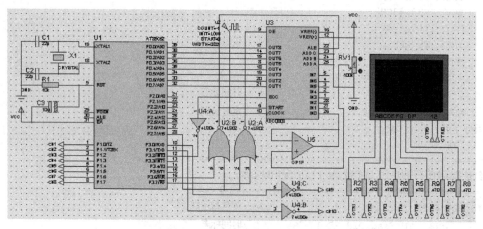

图 3-12　简易数字电压表原理图

3. 元器件清单

表 3-6　　　　　　　　　　　　　　任务五元器件清单

元件名称	搜索关键词	元件序号	数值	备注
电阻	Resistor	R1	10k	
电阻	Resistor	R2 ~ R9	470	
电位器	POT-HG	RV1	100k	
陶瓷电容器	CERAMIC22P	C2、C3	22p	
电解电容器	MINELECT1U63V	C1	4.7μ	

续表

元件名称	搜索关键词	元件序号	数值	备注
晶振	CRYSTAL	X1	12M	
单片机	AT89C52	U1		
2 输入端或非门	74LS02	U2		
A/D 转换器	ADC0808	U3		
反相器	74LS04	U4		
理想运放	OP1P	U5		
七段数码管	7SEG-MPX2-CA-BLUE	VFD1		

4. 程序实现

程序用定时器定时 10ms 对数码管进行扫描显示,每 200ms 启动一次 A/D 转换对输入电压测量,为提高程序的执行效率,采用中断方式来检测 A/D 转换结束。要显示电压值的计算公式为:电压值的整数部分=(数字信息值×5)÷255 取商;电压值的小数部分=(数字信息值×5)÷255 取余数。参考程序如下:

```
AD_Flag   EQU   20H.7              ;A/D 转换标志
DP_Flag   EQU   20H.5              ;显示位标志
AD_VALUE  EQU   30H                ;A/D 转换值
AD_ADR    EQU   0000H              ;A/D 的地址
          ORG   0000H
          LJMP  MAIN
          ORG   0003H
          LJMP  SEV_INIT0
          ORG   000BH
          LJMP  SEV_TIM0
          ORG   0100H
MAIN:     CLR   EA
          ACALL SYS_INIT           ;系统初始化
          CLR   AD_Flag            ;A/D 转换标志
          CLR   A
          MOV   AD_VALUE,A         ;A/D 转换值
          MOV   DPTR,#AD_ADR       ;A/D 的地址
          SETB  EA
LOOP:     MOVX  @DPTR,A
          JNB   AD_Flag,$          ;A/D 转换标志
          CLR   AD_Flag            ;A/D 转换标志
          MOVX  A,@DPTR
          MOV   AD_VALUE,A         ;A/D 转换值
          SJMP  LOOP
;==============================================;
;系统初始化子程序,无入口参数和出口参数          ;
;==============================================;
SYS_INIT: MOV   TMOD,#01H
          MOV   TH0,#0FCH
```

```
              MOV    TL0,#1AH
              SETB   ET0
              SETB   TR0
              SETB   T0                    ;设置 INT0 边沿触发
              SETB   EX0                   ;开外部中断 0 中断
              RET
;==================================================;
;外部中断 0 服务子程序                           ;
;==================================================;
SEV_INIT0:
              SETB   AD_Flag               ;AD 转换结束标志
              RETI
;==================================================;
;定时器 0 中断服务子程序,基本定时 1ms            ;
;==================================================;
SEV_TIM0:PUSH  ACC
              PUSH   DPH
              PUSH   DPL
              MOV    TH0,#0FCH
              MOV    TL0,#1AH
              MOV    A,#00H
              MOV    P1,A
              MOV    DPTR,#TAB
              MOV    A,AD_VALUE            ;A/D 转换值
              MOV    B,#51
              DIV    AB
              CPL    DP_Flag               ;显示位标志
              JB     DP_Flag,TIM1_1        ;显示位标志
              CLR    P3.1
              SETB   P3.0
              SJMP   TIM1_3
TIM1_1:  MOV    A,B
              SUBB   A,#02H
              JNC    TIM1_2
              CLR    A
TIM1_2:  MOV    B,#05
              DIV    AB
              SETB   P3.1
              CLR    P3.0
TIM1_3:  MOVC   A,@A+DPTR
              JB     DP_Flag,TIM1_END      ;显示位标志
              ORL    A,#80H
TIM1_END:MOV    P1,A
              POP    DPL
              POP    DPH
              POP    ACC
              RETI
TAB:     DB     3FH,06H,5BH,4FH,66H,6DH,7DH,07H,7FH,6FH;"0123456789"
              END
```

5. 拓展训练

在完成上述项目任务的基础上,增加一个模拟信号量限值的声光报警装置。用单片机引脚 P3.3 、P3.4 分别控制红色发光二极管和黄灯发光二极管, 引脚 P3.5 控制蜂鸣器。改变可调电阻的阻值来调节模拟输入信号量,当模拟信号的电压值大于 3V 时给予亮红灯报警, 模拟信号的电压值小于 1V 时给予亮黄灯, 模拟信号的电压值在两者之间时警报灯熄灭。同时不管是亮红灯还是黄灯, 蜂鸣器要鸣声报警, 试编写程序实现。

项目四

| 简易信号发生器设计 |

知识目标：

- 了解独立式键盘的工作原理，掌握独立式键盘的应用。
- 了解液晶显示器 LCD1602 的工作原理，掌握其与单片机的接口技术的应用。
- 了解 DA 转换器 DAC0832 的工作原理，掌握其单片机的接口技术的应用。

任务一　简易校牌的设计

1. 基本知识点

日常生活中用数码管显示信息时，由于数码管本身能够显示的字符有限，不能显示太多的信息。当要显示更多的字符或信息时，可以用液晶显示器。图 4-1、图 4-2 所示分别为 LCD1602 液晶显示器的实物图和电路引脚图。

LCD1602 液晶显示器是一种集成字符和点阵的液晶显示模块，既可以显示字符也可以显示点阵图形。LCD1602 液晶显示器的控制线和数据线可以与单片机的 I/O 口直接连接，共有 16 个引脚，各引脚的功能定义如下：

① 第 1 脚：电源地线 VSS。

② 第 2 脚：5V 电源线 VDD。

图 4-1　LCD1602 实物图

③ 第 3 脚：显示的对比度调整 V0，接正电源时对比度最弱，接地电源时对比度最高，对比度过高时会产生"鬼影"，使用时可以通过一个 10k 的电位器调整对比度。

④ 第 4 脚：RS 为寄存器选择，高电平时选择数据寄存器、低电平时选择指令寄存器。

⑤ 第 5 脚：R/W 为读写信号线，高电平时进行读操作，低电平时进行写操作。当 RS 和 RW 作用共同为低电平时可以写入指令或者显示地址，当 RS 为低电平 RW 为高电平时可以读忙信号，当 RS 为高电平 RW 为低电平时可以写入数据。

⑥ 第 6 脚：E 端为使能端，当 E 端由高电平跳变成低电平时，液晶模块执行命令。

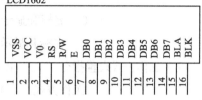

图 4-2　LCD1602 引脚图

⑦ 第 7 ~ 14 脚：D0 ~ D7 为 8 位双向数据线。

⑧ 第 15 脚：背光控制正极电源 A。

⑨ 第 16 脚：背光控制负极电源 K。

单片机通过发送控制命令字来控制 LCD1602 液晶显示器的显示，LCD1602 的命令控制字有：

（1）清屏指令

	RS	R/W	D7	D6	D5	D4	D3	D2	D1	D0
清屏	0	0	0	0	0	0	0	0	0	1

清屏指令（01H）将空位字符码 20H 送入到全部 DDRAM 地址中，使 DDRAM 中的内容全部清除，显示消失。地址计数器 AC=0，光标或者闪烁回到原点（00H），但并不改变移位设置模式。

（2）光标复位指令

	RS	R/W	D7	D6	D5	D4	D3	D2	D1	D0
光标复位	0	0	0	0	0	0	0	0	1	*

复位指令置地址计数器 AC=0，将光标及光标所在位的字符回原点，DDRAM 中的内容并不改变。

（3）输入方式设置指令

	RS	R/W	D7	D6	D5	D4	D3	D2	D1	D0
输入方式设置	0	0	0	0	0	0	0	1	I/D	S

I/D：字符码写入或者读出 DDRAM 后 DDRAM 地址指针 AC 的变化方向标志。I/D=1，完成一个字符码传送后，AC 自动加 1 即光标右移；I/D=0，完成一个字符码传送后，AC 自动减 1 即光标左移。

S：显示移位标志。S=1，将全部显示向右（I/D=0）或者向左（I/D=1）移位；S=0，显示不发生移位。S=1 时，显示移位时，光标似乎并不移位；此外，读 DDRAM 操作以及对 CGRAM 的访问，不发生显示移位。

（4）显示方式控制指令

	RS	R/W	D7	D6	D5	D4	D3	D2	D1	D0
显示方式控制	0	0	0	0	0	0	1	D	C	B

D：显示开/关控制标志。D=1，开显示；D=0，关显示。关显示后，显示数据仍保持在 DDRAM 中，立即开显示可以再现。

C：光标显示控制标志。C=1，光标显示；C=0，光标不显示。不显示光标不影响其他显示功能。

B：闪烁显示控制标志。B=1，光标在所指位置交替显示全黑点阵和显示字符，产生闪烁效果。

（5）光标画面滚动指令

	RS	R/W	D7	D6	D5	D4	D3	D2	D1	D0
光标画面滚动	0	0	0	0	0	1	S/C	R/L	*	*

使光标或屏显示在没有读写显示数据的情况下向左或向右移动。在双行显示方式下，第一行和第二行会同时移位；当移位越过第一行第四十位时，光标会从第一行跳到第二行，但显示数据只在

本行内水平移位，第二行的显示决不会移进第一行；倘若仅执行移位操作，地址计数器 AC 的内容不会发生改变。

S/C R/L 说明：0　0　只光标向左移动，AC 自动减 1。

　　　　　　　0　1　只光标向右移动，AC 自动加 1。

　　　　　　　1　0　光标和显示的字符一起向左移动。

　　　　　　　1　1　光标和显示的字符一起向右移动。

（6）工作方式设置指令　　　RS　R/W　D7　D6　D5　D4　D3　D2　D1　D0

　　　　　　工作方式　　0　0　0　0　1　DL　N　F　*　*

指令设置模块数据接口宽度和 LCD 显示屏显示方式，即模块接口数据总线为 4 位或者是 8 位，LCD 显示行数和显示字符点阵规格。所以建议用户最好在执行其他指令设置（读忙标志指令除外）之前，在程序的开始进行功能设置指令的执行。

DL：数据接口宽度标志。DL=1，8 位数据总线 DB7～DB0；DL=0，4 位数据总线 DB7～DB4。

N：显示行数标志。N=1 时显示 2 行，N=0 时 1 行。

F：显示字符点阵字体标志。F=1 为 5*10 点阵；F=0 为 5*7 点阵，不能显示 2 行都是 5*10 点阵。

（7）字符发生器 CGRAM 地址设置指令

　　　　　　　　　RS　R/W　D7　D6　D5　D4　D3　D2　D1　D0

CGRAM 地址设置　0　0　0　1　A5　A4　A3　A2　A1　A0

设置 CGRAM 地址指针，它将 CGRAM 存储用户自定义显示字符的字模数据的首地址 A5～A0 送入 AC 中，于是用户自定义字符字模就可以写入 CGRAM 中或者从 CGRAM 中读出。

（8）DDRAM 地址设置指令

　　　　　　　　　RS　R/W　D7　D6　D5　D4　D3　D2　D1　D0

DDRAM 地址设置　0　0　1　A6　A5　A4　A3　A2　A1　A0

DDRAM 地址设置 DDRAM 地址指针，它将 DDRAM 存储显示字符的字符码的首地址 A6～A0 送入 AC 中，于是显示字符的字符码就可以写入 DDRAM 中或者从 DDRAM 中读出。值得一提的是在 LCD 显示屏一行显示方式下，DDRAM 的地址范围为：00H～4FH；两行显示方式下，DDRAM 的地址范围为：第一行 00H～27H，第二行 40H～67H。写入显示地址时要求最高位恒定为高电平 1，所以第一行的第一个字符地址是 80H，第一行的第一个字符地址是 80H+40H=C0H。

（9）读忙标志 BF 和光标 AC 地址指令

　　　　　　　　　RS　R/W　D7　D6　D5　D4　D3　D2　D1　D0

读忙标志 BF 和光标 AC 地址　0　1　BF　AC6　AC5　AC4　AC3　AC2　AC1　AC0

当 RS=0 和 R/W=1 时，在 E 信号高电平的作用下，BF 和 AC6～AC0 被读到数据总线 DB7～DB0 的相应位。

BF：内部操作忙标志。BF=1，表示模块正在进行内部操作，此时模块不接收任何外部指令和数据，直到 BF=0 为止。

AC6～AC0：地址计数器 AC 内的当前内容，由于地址计数器 AC 是 CGROM、CGRAM 和

DDRAM 的公用指针,因此当前 AC 内容所指区域由前一条指令操作区域决定;同时只有 BF=0 时,送到 DB7 ~ DB0 的数据 AC6 ~ AC0 才有效。

（10）写数据到 CGRAM 或 DDRAM 指令　RS　R/W　D7　D6　D5　D4　D3　D2　D1　D0
　　　　　　　　　　　　　写数据　　 1 　 0 　 D7　D6　D5　D4　D3　D2　D1　D0

写数据到 CGRAM 或 DDRAM 指令,是将用户自定义字符的字模数据写到已经设置好的 CGRAM 的地址中,或者是将欲显示字符的字符码写到 DDRAM 中。欲写入的数据 D7 ~ D0 首先暂存在 DR 中,再由模块的内部操作自动写入地址指针所指定的 CGRAM 单元或者 DDRAM 单元中。

（11）从 CGRAM 或 DDRAM 中读数据指令　RS　R/W　D7　D6　D5　D4　D3　D2　D1　D0
　　　　　　　　　　　　　　读数据　　 1 　 1 　 D7　D6　D5　D4　D3　D2　D1　D0

从 CGRAM 或 DDRAM 中读数据指令,是从地址计数器 AC 指定的 CGRAM 或者 DDRAM 单元中,读出数据 D7 ~ D0;读出的数据 D7 ~ D0 暂存在 DR 中,再由模块的内部操作送到数据总线 DB7 ~ DB0 上。需要注意的是,在读数据之前,应先通过地址计数器 AC 正确指定读取单元的地址。

2. 内容描述

利用 LCD1602 液晶显示器显示学生自己的信息,要求液晶显示器能显示两行信息,第 1 行显示学生的学号,第 2 行显示学生的姓名,每行的显示从第 1 列开始。

3. 硬件原理图

用 AT89C52 单片机控制 LCD1602 液晶显示器显示信息。P2 口用作 LCD1602 液晶显示器的数据输出端,P3 口的 P3.5、P3.6 和 P3.7 作为控制输出端。调节可调电阻 RV1 可调节 LCD1602 液晶显示器的显示对比度。图 4-3 所示为简易校牌控制原理图。

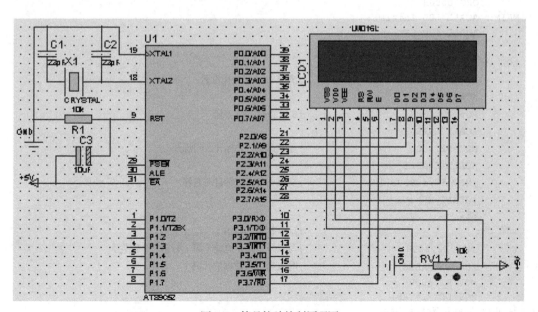

图 4-3　简易校牌控制原理图

4. 元器件清单

表 4-1 　　　　　　　　　　　　　　任务一元器件清单

元件名称	搜索关键词	元件序号	数值	备注
电阻	Resistor	R1	10k	
陶瓷电容器	CERAMIC22P	C2、C3	22p	
电解电容器	MINELECT1U63V	C1	4.7μ	
电位器	POT-HG	RV1		
晶振	CRYSTAL	X1	12M	
单片机	AT89C52	U1		
液晶显示器	lm0161	LCD1		

5. 程序实现

　　程序在实现控制 LCD1602 液晶显示器显示时要先按照控制时序进行初始化，主要任务是设置 LCD1602 液晶显示器，如清屏、工作方式、输入方式和显示方式等。本程序设置为 8 位数据总线接口，2 行 5*7 点阵字符显示。设置的显示方式为显示器开、光标开和闪烁开。光标画面滚动效果为文字不动，光标自动右移。初始化成功后就可以通过查表方式完成把显示字符送入 DDRAM 显示。参考程序如下：

```
        RS EQU P3.5
        RW EQU P3.6
        E EQU P3.7
        X_POS EQU 30H
        Y_POS EQU 31H
        ORG 0000H
MAIN:  ACALL LCD_initial
        ACALL LCD_CS
        SJMP $
LCD_initial:
        MOV P2,#01H            ;清屏 LCD 初始化设置
        ACALL ENABLE
        MOV P2,#38H            ;8 位 2 行 5×7 点阵
        ACALL ENABLE
        MOV P2,#0CH            ;显示器开、光标开、闪烁开
        ACALL ENABLE
        ;MOV P0,#00000110B     ;文字不动，光标自动右移
        ;ACALL ENABLE
        RET
LCD_CS:                        ;LCD 初始化显示
W1:    MOV P2,#80H            ;写入显示起始地址（第 1 行第一个位置）
        ACALL ENABLE           ;写入第 1 行数据的代码
        MOV R0,#00H
        MOV DPTR,#TAB1
LOOP1: ACALL Write_Data
        CJNE R0,#16,LOOP1
        MOV R0,#00H
```

```
W2:     MOV P2,#0C0H                ;写入显示起始地址（第2行第一个位置）
        ACALL ENABLE                ;写入第2行数据的代码
        MOV DPTR,#TAB2
LOOP2:  ACALL Write_Data
        CJNE R0,#14,LOOP2
        MOV R0,#00H
        RET
ENABLE:
        CLR RS                      ;写入控制命令的子程序
        CLR RW
        CLR E
        ACALL Wait
        SETB E
        NOP
        RET
Write_Data:
        MOV A,R0                    ;写入数据的子程序
        MOVC A,@A+DPTR
        MOV P2,A
        SETB RS
        CLR RW
        CLR E
        ACALL Wait
        SETB E
        INC R0
        RET
Wait:   MOV P2,#0FFH                ;判断液晶显示器是否忙的子程序
        CLR RS
        SETB RW
        NOP
        CLR E
        NOP
        SETB E
        NOP
        JB P2.7,Wait                ;如果P1.7为高电平表示忙就循环等待
        RET
TAB1: DB  43H,6cH,61H,73H,73H,3AH,33H,30H,32H,30H,31H,30H,30H,35H,31H,36H
TAB2: DB  4EH,61H,6DH,65H,20H,3AH,5AH,68H,61H,6EH,67H,53H,61H,6EH
      END
```

6. 拓展训练

利用LCD1602液晶显示器显示欢迎词和制作信息，要求LCD1602液晶显示器显示的信息分为两行，第1行用光标与显示字符循环显示的方式显示欢迎词，如'HELLOW　C51 SCM TRAINING'；第2行固定显示作者和制作日期信息，如'ZhangSan 2012-06-18'。

任务二　独立式按键的检测

1. 基本知识点

键盘是人机信息相互交换的重要组成部分，由一组规则排列的按键组成。独立式按键的每个按

键电路是独立的，占用一条 I/O 数据线。这种结构形式使键盘配置灵活，但占用较多的 I/O 资源，很容易产生 I/O 资源紧张的问题，只能适合按键数量少的情况。

按键的检测是指当某个按键按下后，与之相连接的按键输入线读入的数据为 0，而其他没有按下的按键输入线读入的数据为 1。通常机械式触点按键在按下时不会立刻稳定地接通，释放时也不会立刻稳定地断开，在接通或断开的瞬间有一段时间的抖动，抖动的时间有 100ms 左右。为避免按键触点的抖动导致检测的误判断，因此软件在检测按键按下时，必须采取去抖动的措施。

2. 内容描述

用单片机实时检测四个独立式按键，并把当前按下按键的编码和名称在液晶显示器 LCD1602 显示出来。这四个独立式按键的编码分别为 01、02、03、04，名称分别为 MOD、ADD、SUB 和 STO。当按键没有按下时液晶显示器 LCD1602 显示的内容分别为 00 和 NUL，按键按下则显示按键的编码和名称，内容的改变直到另一个按键按下为止。为避免按键触点的抖动导致检测的误判断，去抖动措施要求采用软件去抖动的方法。

3. 硬件原理图

用单片机控制 LCD1602 液晶显示器显示信息和独立式按键的检测。其中 P1 口的 P1.0、P1.1、P1.2 和 P1.3 控制四个独立式按键，P2 口用作液晶显示器 LCD1602 的数据输出端，P3 口的 P3.5、P3.6 和 P3.7 作为控制输出端。调节可调电阻 RV1 可调节 LCD1602 液晶显示器的显示对比度。图 4-4 所示为独立式按键检测控制原理图。

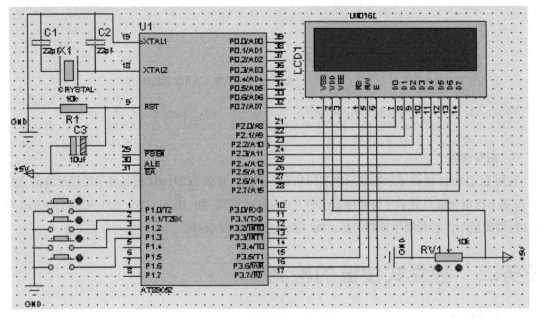

图 4-4　独立式按键检测控制原理图

4. 元器件清单表

表 4-2 任务二元器件清单

元件名称	搜索关键词	元件序号	数值	备注
电阻	Resistor	R1	10k	
陶瓷电容器	CERAMIC22P	C2、C3	22p	
电解电容器	MINELECT1U63V	C1	4.7μ	
电位器	POT-HG	RV1		
晶振	CRYSTAL	X1	12M	
单片机	AT89C52	U1		
液晶显示器	lm016l	LCD1		
按键	SW-PB	S1～S4		

5. 程序实现

程序用定时器来计算时间，定时时间为 10 ms。当定时时间到来之时读一次独立式按键键盘。在判读键盘有按键被按下的情况下，为避免按键触点的抖动导致检测的误判断，先延迟 50 ms 后再读一次独立式按键键盘，如果两次读键盘的键值相同，则确定按键被按下。程序根据按键按下的键值查表取得键名称后连同键值一起送液晶显示器 LCD1602 显示。参考程序如下：

```
        RS EQU P3.5
        RW EQU P3.6
        E EQU P3.7
        KEYCODE EQU 30H
        KEYVALUE EQU 31H
        KEYFLAG EQU 32H
        ORG 0000H
        LJMP MAIN
        ORG 000BH
        LJMP SEVTIM
        ORG  0100H
MAIN:   CLR  EA
        ACALL LCD_initial
        ACALL TIM_init
        MOV P2,#80H              ;写入显示起始地址（第1行第一个位置）
        ACALL ENABLE            ;写入第1行数据的代码
        MOV R0,#09H
        MOV DPTR,#TAB1
LOOP1:  ACALL Write_Data
        DJNZ R0,LOOP1
        MOV R0,#0AH
        MOV P2,#0C0H            ;写入显示起始地址（第2行第一个位置）
        ACALL ENABLE            ;写入第2行数据的代码
        MOV DPTR,#TAB2
LOOP2:  ACALL Write_Data
        DJNZ R0,LOOP2
        MOV  KEYVALUE,#0FH
```

```
                MOV  KEYFLAG,#00H
                SETB EA
LOOP3: MOV  A,KEYVALUE
                CJNE A,#0EH,LOOP4
                MOV  KEYCODE,#01H
                SJMP LOOP8
LOOP4: CJNE A,#0DH,LOOP5
                MOV  KEYCODE,#02H
                SJMP LOOP8
LOOP5: CJNE A,#0BH,LOOP6
                MOV  KEYCODE,#03H
                SJMP LOOP8
LOOP6: CJNE A,#07H,LOOP7
                MOV  KEYCODE,#04H
                SJMP LOOP8
LOOP7: MOV  KEYCODE,#00H
LOOP8: ACALL LCD_DIS
                SJMP LOOP3
LCD_initial:
                MOV P2,#01H                    ;清屏LCD初始化设置
                ACALL ENABLE
                MOV P2,#38H                    ;8位2行5×7点阵
                ACALL ENABLE
                MOV P2,#0CH                    ;显示器开、光标开、闪烁开
                ACALL ENABLE
                RET
TIM_init:
                MOV  TMOD,#01H
                MOV  TL0,#0F3H
                MOV  TH0,#0D8H
                SETB ET0
                SETB TR0
                RET
LCD_DIS:                                       ;LCD初始化显示
                MOV P2,#89H                    ;写入显示起始地址（第1行第一个位置）
                ACALL ENABLE                   ;写入第1行数据的代码
                MOV DPTR,#TAB3
                MOV  A,KEYCODE
                MOV  B,#03H
                MUL  AB
                MOV  R0,#03H
DIS1:  ACALL Write_Data
                DJNZ R0,DIS1
                MOV P2,#0CAH                   ;写入显示起始地址（第2行第一个位置）
                ACALL ENABLE                   ;写入第2行数据的代码
                MOV DPTR,#TAB4
                MOV  A,KEYCODE
                MOV  B,#02H
                MUL  AB
                MOV  R0,#02H
DIS2:  ACALL Write_Data
                DJNZ R0,DIS2
```

```
          RET
ENABLE:
      CLR RS                                ;写入控制命令的子程序
      CLR RW
      CLR E
      ACALL Wait
      SETB E
      NOP
      RET
Write_Data:;写入数据的子程序
      PUSH ACC
      MOVC A,@A+DPTR
      MOV P2,A
      SETB RS
      CLR RW
      CLR E
      ACALL Wait
      SETB E
      INC DPTR
      POP ACC
      RET
Wait: MOV P2,#0FFH                          ;判断液晶显示器是否忙的子程序
      CLR RS
      SETB RW
      NOP
      CLR E
      NOP
      SETB E
      NOP
      JB P2.7,Wait                          ;如果 P1.7 为高电平表示忙就循环等待
      RET
SEVTIM:PUSH ACC
      MOV   TL0,#0F3H
      MOV   TH0,#0D8H
      MOV   A,KEYFLAG
      CJNE  A,#00H,SEV2
      MOV   A,P1
      ANL   A,#0FH
      CJNE  A,#0FH,SEV1
      SJMP  SEVEND
SEV1: MOV   R5,A
      MOV   R7,#10
      MOV   KEYFLAG,#01H
      SJMP  SEVEND
SEV2: CJNE  A,#01H,SEV3
      DJNZ  R7,SEVEND
      MOV   R7,#00H
      MOV   A,P1
      ANL   A,#0FH
      CJNE  A,05,SEV4
      MOV   KEYVALUE,A
      MOV   KEYFLAG,#02H
```

```
        MOV    R6,#30
        SJMP   SEVEND
SEV3:   DJNZ   R6,SEVEND
SEV4:   CLR    A
        MOV    R6,A
        MOV    KEYFLAG,A
SEVEND: POP    ACC
        RETI
TAB1:   DB     4BH,45H,59H,20H,4EH,41H,4DH,45H,3AH
TAB2:   DB     4BH,45H,59H,20H,56H,41H,4CH,55H,45H,3AH
TAB3:   DB     4EH,55H,4CH,4DH,4FH,44H,41H,44H,44H,53H,55H,42H,53H,54H,4FH,50H
TAB4:   DB     30H,30H,30H,31H,30H,32H,30H,33H,30H,34H
        END
```

6. 拓展训练

在完成上述项目任务的基础上，用单片机的 P1.4、P1.5、 P1.6 和 P1.7 控制四个发光二极管的闪亮，闪亮的频率为 1Hz。发光二极管闪亮的次数与按键值相同，即当第一按键按下时第一个发光二极管闪亮一次，第二按键按下时第二个发光二极管闪亮两次，如此类推。液晶显示器 LCD1602 显示当前按下按键的编码和名称。试设计硬件和编写软件实现。

任务三　锯齿电压波信号的产生

1. 基本知识点

利用 A/D 转换是将输入的模拟电压信号转换为单片机能够识别的数字信号。A/D 转换器是单片机应用系统中重要的硬件接口技术，是与外部设备进行数据交换必不可少的器件，常见的 D/A 转换器有 DAC0832 芯片等。DAC0832 是 8 位逐次逼近式 A/D 转换器，具有 8 个模拟量的输入通道，A/D 转换时间为 100μs，图 4-5 所示为 DAC0832 的引脚图。DAC0832 内部主要有 8 位的输入锁存器、8 位的 DAC 锁存器、8 位的 D/A 转换器和控制逻辑组成。

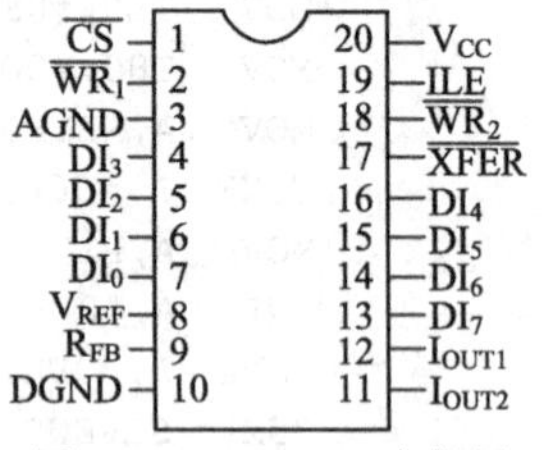

（1）第 1 引脚 $\overline{CS}$：片选信号输入端，低电平有效。

（2）第 2 引脚 $\overline{WR_1}$：数据输入锁存器写选通端，下降沿有效。输入锁存器的锁存控制由 ILE、$\overline{CS}$ 和 $\overline{WR_1}$ 的逻辑组合产生。当 ILE 和 $\overline{CS}$ 有效时，$\overline{WR_1}$ 在下降沿时将数据线上的数据锁进输入锁存器。

图 4-5　DAC0832 实物图

（3）第 3 引脚 AGND：芯片模拟信号接地端。

（4）第 4 引脚 ~ 第 7 引脚、第 13 引脚 ~ 第 16 引脚：8 位数据信号输入端。

（5）第 8 引脚 V_{REF}：参考电压输入端。

（6）第 9 引脚 R_{FB}：反馈信号输入端。反馈电阻被集成在芯片内部，为外接运算放大器提供反馈电阻。

（7）第 10 引脚 DGND：芯片模拟信号接地端。

（8）第 11 引脚 I_{OUT1}：模拟电流输出端。

（9）第 12 引脚 I_{OUT2}：模拟电流输出端。采用单极性输出时通常接地。

（10）第 17 引脚 $\overline{\text{XFER}}$：数据传送控制信号输入端，低电平有效。

（11）第 18 引脚 $\overline{\text{WR}_2}$：DAC 寄存器写选通信号输入端，下降沿有效。DAC 寄存器的锁存信号由 $\overline{\text{XFER}}$ 和 $\overline{\text{WR}_2}$ 的逻辑组合产生，DAC 寄存器锁存信号下降沿时使输入锁存器中锁存的数据被锁存到 DAC 锁存器中，同时进入 D/A 转换器并开始转换。

（12）第 19 引脚 I_{LE}：数据锁存允许控制端，高电平有效。

（13）第 20 引脚 V_{CC}：工作+5V 电源。

由于 DAC0832 的输出是电流型的，因此一般接运算放大器实现电流信号和电压信号之间的转换。同时 DAC0832 具有两级 8 位的数据锁存器，因此其与单片机的接口方式有如下三种。

① 直通接口方式：将 $\overline{\text{CS}}$、$\overline{\text{WR}_1}$、$\overline{\text{WR}_2}$ 和 $\overline{\text{XFER}}$ 等控制信号直接接地，ILE 直接接高电平，芯片处于直接接通的状态。这样只要 8 位数据一旦在数据线上，就能立即进行 D/A 转换并输出结果。

② 单缓冲接口方式：将两个锁存器中的任意一个处于直通状态，另一个工作在受控制的状态，这种方式多用在不要求多个模拟通道同步输出。一般情况下是 DAC 锁存器处于直通状态，即 $\overline{\text{XFER}}$ 和 $\overline{\text{WR}_2}$ 直接接地。这样只要数据写入 DAC 芯片，就能立即进行 D/A 转换。

③ 双缓冲接口方式：将两个锁存器工作都处于在受控制的状态。单片机控制 D/A 转换器进行 D/A 转换时要分两步操作，首先将数据写入输入锁存器，输入锁存器的数据写入 DAC 锁存器。这样单片机在启动 D/A 转换时 DAC0832 在接收数据和启动 D/A 转换看需要既可异步进行也可同时进行，提高 D/A 转换的效率，还可以实现多通道输出。

2. 内容描述

用单片机控制 D/A 转换器 DAC0832 产生一个锯齿电压波信号。要求锯齿电压波信号的周期固定为 200ms，通过调节可调电阻来调节幅值，用虚拟示波器观测锯齿电压波信号的周期和幅值。

3. 硬件原理图

用单片机的 P0 口输出控制数据信号，D/A 转换器 DAC0832 采用单缓冲接口方式与单片机连接。DAC0832 输出的电压波信号经 UA741 运算放大器反馈回 DAC0832，调节可调电阻 RV1 可以调节输出的电压波信号的幅值。图 4-6 所示为锯齿波电压信号产生控制原理图。

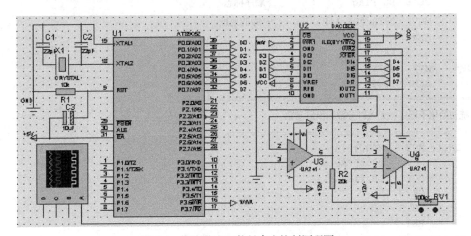

图 4-6 锯齿波电压信号产生控制原理图

4．元器件清单

表 4-3　　　　　　　　　　　　　　任务三元器件清单

元件名称	搜索关键词	元件序号	数值	备注
电阻	Resistor	R1	10k	
电阻	Resistor	R2	20k	
陶瓷电容器	CERAMIC22P	C2、C3	22p	
电解电容器	MINELECT1U63V	C1	4.7μ	
电位器	POT-HG	RV1		
晶振	CRYSTAL	X1	12M	
单片机	AT89C52	U1		
运算放大器	UA741	U3、U4		
DA 转换器	DAC0832	U2		

5．程序实现

由于要求输出的锯齿电压波信号的周期固定为 200ms，所以可用定时器来计算时间。为使输出的锯齿电压波信号曲线更加理想，可以先用定时器定时 0.5ms，连续定时 200 次则刚好是信号的半个周期 100ms。程序在每次定时到来之后，要控制输出使锯齿电压波信号的幅值加一或减一。D/A 转换器 DAC0832 在硬件上采用单缓冲接口方式，分配的地址是任意的。参考程序如下：

```
        DA_ADR   EQU   00000H            ;DA 的地址
        DE_Flag  EQU   20H.7             ;顺序标志
                 ORG   0000H
                 LJMP  MAIN
                 ORG   000BH
                 LJMP  SEV_TIM0
                 ORG   0100H
        MAIN:    CLR   EA
                 ACALL SYS_INIT           ;系统初始化
                 SETB  DE_Flag            ;顺序标志
                 MOV   DPTR,#DA_ADR       ;DA 的地址
                 CLR   A
                 SETB  EA
        LOOP:    MOVX  @DPTR,A
                 SJMP  LOOP
        ;===============================================;
        ;系统初始化子程序，无入口参数和出口参数          ;
        ;===============================================;
        SYS_INIT: MOV   TMOD,#01H
                  MOV   TH0,#0FEH
                  MOV   TL0,#12H
                  SETB  ET0
                  SETB  TR0
                  RET
        ;===============================================;
```

```
;定时器中断服务子程序,基本定时 0.5ms                ;
;====================================================;
SEV_TIM0: MOV    TH0,#0FEH
          MOV    TL0,#12H
          JNB    DE_Flag,TIM0_2      ;顺序标志
          CJNE   A,#0C8H,TIM0_1
          CPL    DE_Flag             ;顺序标志
          SJMP   TIM0_3
TIM0_1:   INC    A
          SJMP   TIM0_END
TIM0_2:   CJNE   A,#00H,TIM0_3
          CPL    DE_Flag             ;顺序标志
          INC    A
          SJMP   TIM0_END
TIM0_3:   DEC    A
TIM0_END: RETI
          END
```

6. 拓展训练

在完成上述项目任务后,修改程序使 D/A 转换器 DAC0832 产生一个正弦电压波信号。要求正弦电压波信号的周期固定为 200ms,用虚拟示波器观察正弦波信号的周期和幅值。由于正弦电压波信号不象锯齿电压波信号那样有规律,所以单片机输出的数字信号量要用查表的形式实现。数字信号量参考如下:

```
DB   0FFH,0FEH,0FCH,0F9H,0F5H,0EFH,0E9H,0E1H,0D9H,0CFH,0C5H,0BAH,0AEH,0A2H,96H,89H
DB   7CH,70H,63H,57H,4BH,40H,35H,2BH,22H,1AH,13H,0DH,08H,04H,01H,00H
DB   00H,01H,04H,08H,0DH,13H,1AH,22H,2BH,35H,40H,4BH,57H,63H,70H,7CH
DB   89H,96H,0A2H,0AEH,0BAH,0C5H,0CFH,0D9H,0E1H,0E9H,0EFH,0F5H,0F9H,0FCH,0FEH,0FFH
```

任务四 简易信号发生器设计

1. 内容描述

用单片机控制 D/A 转换器 DAC0832 产生方波、锯齿波和正弦波信号。信号的类型、周期和幅值可以通过按键来选择。采用三个独立式按键对信号的类型和周期进行选择,其中一个独立按键选择信号的类型,每按一次按键改变产生一种信号类型,其余的两个独立按键则用来改变当前信号的周期,一个是信号周期增加,一个是信号周期递减。液晶显示器 LCD1602 显示当前信号的类型名称和周期大小,分两行显示,第一行显示信号名称,第二行显示周期的放大倍数。调节可调电阻的阻值可以调节信号的幅值,并用示波器观测信号的波型、周期和幅值。

2. 硬件原理图

用单片机的 P0 口输出控制数据信号,D/A 转换器 DAC0832 采用单缓冲接口方式与单片机连接,P3.6 作为 D/A 转换器 DAC0832 的读写控制信号。DAC0832 输出的电压波信号经 UA741 运算放大器反馈回 DAC0832,调节可调电阻 RV1 可以调节输出的电压波信号的幅值。P1 口用作液晶显示器 LCD1602 的数据输出端,P3 口的 P3.3、P3.4 和 P3.5 作为液晶显示器 LCD1602 控制输出端,调节可调电阻 RV2 可调节 LCD1602 液晶显示器的显示对比度。P3 口的 P3.0、P3.1 和 P3.2 控制三个独立式

按键来选择信号的类型和调节信号的周期。图 4-7 所示为简易的信号发生器控制原理图。

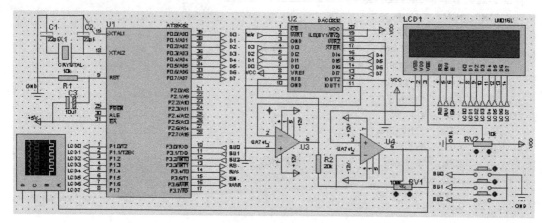

图 4-7　简易的信号发生器控制原理图

3. 元器件清单

表 4-4 任务四元器件清单

元件名称	搜索关键词	元件序号	数值	备注
电阻	Resistor	R1	10k	
电阻	Resistor	R2	20k	
陶瓷电容器	CERAMIC22P	C2、C3	22p	
电解电容器	MINELECT1U63V	C1	4.7μ	
电位器	POT-HG	RV1		
按键	SW-PB	S0、S1、S2		
晶振	CRYSTAL	X1	12M	
单片机	AT89C52	U1		
运算放大器	UA741	U3、U4		
DA 转换器	DAC0832	U2		

4. 程序实现

程序在开始时控制 D/A 转换器 DAC0832 不输出任何波形的信号，在液晶显示器 LCD1602 上也只显示 NULL，当检测到按下信号类型键后，产生输出信号，每按一次更换一种信号波形，同时把信号的名称和基本周期的倍乘数送液晶显示器 LCD1602 显示。信号第一次输出的周期为 400ms，每按一次周期增加键或周期递减键，信号周期相应地增加一倍或递减一半。为使输出的信号波信号曲线更加理想，信号周期用定时器来计算时间，在每次定时到来之后，通过查信号表读取一个控制字送 D/A 转换器 DAC0832，直到一个周期的控制字全部读取完毕为止。参考程序如下：

```
DA_ADR    EQU    00000H         ;DA 的地址
DE_Flag   EQU    20H.7          ;顺序标志
RS        EQU    P3.3
```

```
RW          EQU   P3.4
E           EQU   P3.5
KEYVALUE    EQU   30H
KEYFLAG     EQU   31H
WA_VALUE    EQU   32H
WA_MOD      EQU   33H
FRE_VALUE   EQU   34H
            ORG   0000H
            LJMP  MAIN
            ORG   000BH
            LJMP  SEV_TIM0
            ORG   001BH
            LJMP  SEV_TIM1
            ORG   0100H
MAIN:       CLR   EA
            ACALL TIM_INIT          ;系统初始化
            ACALL LCD_INIT
            MOV   P1,#80H           ;写入显示起始地址（第1行第一个位置）
            ACALL ENABLE            ;写入第1行数据的代码
            MOV   R0,#0AH
            MOV   DPTR,#TAB1
LOOP1:      ACALL Write_Data
            DJNZ  R0,LOOP1
            MOV   R0,#0AH
            MOV   P1,#0C0H          ;写入显示起始地址（第2行第一个位置）
            ACALL ENABLE            ;写入第2行数据的代码
            MOV   DPTR,#TAB2
LOOP2:      ACALL Write_Data
            DJNZ  R0,LOOP2
            SETB  DE_Flag           ;顺序标志
            MOV   KEYVALUE,#07H
            MOV   KEYFLAG,#00H
            MOV   WA_VALUE,#00H
            MOV   WA_MOD,#00H
            MOV   FRE_VALUE,#00H
            SETB  EA
LOOP3:      ACALL PRO_KEY
            SJMP  LOOP3
;===============================================;
;定时器初始化子程序，无入口参数和出口参数      ;
;===============================================;
TIM_INIT:   MOV   TMOD,#11H
            MOV   TH0,#0FEH
            MOV   TL0,#12H
            MOV   TL1,#0F3H
            MOV   TH1,#0D8H
            SETB  ET0
            SETB  TR0
            SETB  ET1
            SETB  TR1
            RET
;===============================================;
```

```
;液晶显示器初始化子程序，无入口参数和出口参数    ;
;=============================================;
LCD_INIT: MOV   P1,#01H          ;清屏 LCD 初始化设置
          ACALL ENABLE
          MOV   P1,#38H          ;8 位 2 行 5×7 点阵
          ACALL ENABLE
          MOV   P1,#0CH          ;显示器开、光标开、闪烁开
          ACALL ENABLE
          RET
;=============================================;
;定时器 0 中断服务子程序，基本定时 0.5ms            ;
;=============================================;
SEV_TIM0: PUSH  DPH
          PUSH  DPL
          PUSH  ACC
          MOV   TH0,#0FEH
          MOV   TL0,#12H
          MOV   A,WA_MOD
          CJNE  A,#00H,SQU
          SJMP  TIM0_END
SQU:      CJNE  A,#01H,TRI
          MOV   A,WA_VALUE
          INC   A
          CJNE  A,#0C9H,SQU1
          CLR   A
          CPL   DE_Flag          ;顺序标志
SQU1:     MOV   WA_VALUE,A
          JNB   DE_Flag,SQU2     ;顺序标志
          MOV   A,#0C8H
          SJMP  SQU3
SQU2:     MOV   A,#00H
SQU3:     SJMP  WAVE
TRI:      CJNE  A,#02H,SIN
          MOV   A,WA_VALUE
          JNB   DE_Flag,TRI2     ;顺序标志
          CJNE  A,#0C8H,TRI1
          CPL   DE_Flag          ;顺序标志
          SJMP  TRI3
TRI1:     INC   A
          SJMP  TRI4
TRI2:     CJNE  A,#00H,TRI3
          CPL   DE_Flag          ;顺序标志
          INC   A
          SJMP  TRI4
TRI3:     DEC   A
TRI4:     MOV   WA_VALUE,A
          SJMP  WAVE
SIN:      MOV   A,WA_VALUE
          INC   A
          CJNE  A,#40H,SIN1
          CLR   A
```

```
SIN1:       MOV   WA_VALUE,A
            MOV   DPTR,#SINTAB          ;SIN 表值地址
            MOVC  A,@A+DPTR
WAVE:       MOV   DPTR,#DA_ADR          ;DA 的地址
            MOVX  @DPTR,A
TIM0_END: POP   ACC
            POP   DPL
            POP   DPH
            RETI
;==================================================;
;定时器 1 中断服务子程序，基本定时 10ms            ;
;==================================================;
SEV_TIM1:PUSH  ACC
            MOV   TL1,#0F3H
            MOV   TH1,#0D8H
            MOV   A,KEYFLAG
            CJNE  A,#00H,SEV2
            MOV   A,P3
            ANL   A,#07H
            CJNE  A,#07H,SEV1
            SJMP  SEVEND
SEV1:       MOV   R5,A
            MOV   R7,#02
            MOV   KEYFLAG,#01H
            SJMP  SEVEND
SEV2:       CJNE  A,#01H,SEV3
            DJNZ  R7,SEVEND
            MOV   R7,#00H
            MOV   A,P3
            ANL   A,#07H
            CJNE  A,05,SEV4
            MOV   KEYVALUE,A
            MOV   KEYFLAG,#02H
            MOV   R6,#30
            SJMP  SEVEND
SEV3:       DJNZ  R6,SEVEND
SEV4:       CLR   A
            MOV   R6,A
            MOV   KEYFLAG,A
SEVEND:   POP   ACC
            RETI
LCD_DIS:                                ;LCD 初始化显示
            MOV   P1,#8AH               ;写入显示起始地址（第1行第一个位置）
            ACALL ENABLE                ;写入第1行数据的代码
            MOV   DPTR,#TAB3
            MOV   A,WA_MOD
            MOV   B,#03H
            MUL   AB
            MOV   R0,#03H
DIS1:       ACALL Write_Data
            DJNZ  R0,DIS1
            MOV   P1,#0CAH              ;写入显示起始地址（第2行第一个位置）
```

```
              ACALL ENABLE                    ;写入第 2 行数据的代码
              MOV  DPTR,#TAB4
              MOV  A,FRE_VALUE
              MOV  B,#03H
              MUL  AB
              MOV  R0,#03H
DIS2:         ACALL Write_Data
              DJNZ R0,DIS2
              RET
ENABLE:
              CLR  RS                          ;写入控制命令的子程序
              CLR  RW
              CLR  E
              ACALL Wait
              SETB E
              NOP
              RET
Write_Data:                                    ;写入数据的子程序
              PUSH ACC
              MOVC A,@A+DPTR
              MOV  P1,A
              SETB RS
              CLR  RW
              CLR  E
              ACALL Wait
              SETB E
              INC  DPTR
              POP  ACC
              RET
Wait:         MOV P1,#0FFH                      ;判断液晶显示器是否忙的子程序
              CLR RS
              SETB RW
              NOP
              CLR E
              NOP
              SETB E
              NOP
              JB P1.7,Wait                      ;如果 P1.7 为高电平表示忙就循环等待
              RET
PRO_KEY:      MOV  A,KEYVALUE
              CJNE A,#06H,PROKEY3
              MOV  A,WA_MOD
              CJNE A,#00H,PROKEY1
              MOV  FRE_VALUE,#01H
PROKEY1:      INC  A
              CJNE A,#04H,PROKEY2
              CLR  A
              MOV  FRE_VALUE,A
PROKEY2:      MOV  WA_MOD,A
              MOV  KEYVALUE,#07H
              SJMP PROKEY7
PROKEY3:      CJNE A,#05H,PROKEY5
```

```
            MOV     A,FRE_VALUE
            INC     A
            CJNE    A,#04H,PROKEY4
            MOV     A,#01h
PROKEY4:    MOV     FRE_VALUE,A
            MOV     KEYVALUE,#07H
            SJMP    PROKEY7
PROKEY5:    CJNE    A,#03H,PROKEY7
            MOV     A,FRE_VALUE
            DEC     A
            CJNE    A,#00H,PROKEY6
            MOV     A,#03h
PROKEY6:    MOV     FRE_VALUE,A
            MOV     KEYVALUE,#07H
PROKEY7:    ACALL   LCD_DIS
            RET
TAB1:   DB      57H,61H,76H,65H,4DH,6FH,64H,65H,6CH,3AH
TAB2:   DB      46H,72H,65H,71H,75H,65H,6EH,63H,79H,3AH
TAB3:   DB      4EH,55H,4CH,53H,51H,55H,54H,52H,49H,53H,49H,4EH
TAB4:   DB      4EH,55H,4CH,58H,30H,31H,58H,30H,32H,58H,30H,33H
SINTAB: DB      0FFH,0FEH,0FCH,0F9H,0F5H,0EFH,0E9H,0E1H,0D9H,0CFH,0C5H,0BAH,0AEH,0A2H,
96H,89H
        DB      7CH,70H,63H,57H,4BH,40H,35H,2BH,22H,1AH,13H,0DH,08H,04H,01H,00H
        DB      00H,01H,04H,08H,0DH,13H,1AH,22H,2BH,35H,40H,4BH,57H,63H,70H,7CH
        DB      89H,96H,0A2H,0AEH,0BAH,0C5H,0CFH,0D9H,0E1H,0E9H,0EFH,0F5H,0F9H,0FCH,0FEH,
0FFH
        END
```

5．拓展训练

在完成上述项目任务的基础上，利用两片 D/A 转换器 DAC0832 设计一个双波形信号发生器，要求同时输出两个信号波形且周期一样，第 1 个信号波形为方波，第 2 个信号波形为三角波。设计硬件和编写软件实现。

在硬件设计上两片 D/A 转换器 DAC0832 与单片机的接口用双缓冲的方式，分别有不同的缓冲地址；在软件设计上先将两个信号波形数据的控制字分别写入到输入锁存器，再一次性控制把各个输入锁存器的数据同时送入各自的 DAC 锁存器。

Chapter

5

项目五

| 袖珍电子万年历设计 |

知识目标：

- 了解矩阵式键盘的工作原理，掌握矩阵式键盘的应用。
- 了解液晶显示器 LCD12864 的工作原理，掌握其与单片机的接口技术的应用。
- 了解单总线温度传感器 DS18B20 的工作原理，掌握其与单片机的接口技术的应用。
- 了解实时时钟芯片 DS1302 的工作原理，掌握其与单片机的接口技术的应用。

任务一　矩阵式键盘按键的检测

1. 基本知识点

在键盘按键数目较多时，为了减少单片机与键盘接口占用过多的 I/O 口资源，一般采用矩阵式键盘。矩阵式键盘由行线和列线组成，通常单个的按键在行线和列线的交叉节点上。一个矩阵式键盘的按键个数由行线和列线的数量决定，如一个有 N 条行线和 M 条列线组成的矩阵式键盘最大按键数有 N×M 个。矩阵式键盘按键的检测一般采用扫描法，即开始时让行线和列线都处于高电平，然后一行行地扫描使行线变为低电平，同时读取列线的值。当有按键被按下时，该按键所连接的行线和列线会被接通，行线扫描变为低电平时相应的列线也会变成低电平，根据读入的列线值就可以确定是某个按键被按下。行线扫描值和读入的列线值组合编码叫键值，为更好地区分某个按键，可以根据按键的功能或位置对按键进行编码，这种编码叫键码。软件在实现键盘功能时可以建立一个由键值到键码的映射。矩阵式键盘也必须采取去抖动的措施避免按键触点的抖动导致键盘检测时的误判断。

2. 项目内容描述

用单片机作控制检测一个 4×4 矩阵式键盘的按键。要求检测到某个按键被按下后在液晶显示器 LCD1602 上显示此按键的键码和名称。内容显示分为两行，第一行显示按键的名称，第二行显示按键的键码，显示内容的更新直到有另一个按键被按下为止。当没有按键被按下时，液晶显示器 LCD1602 的两行分别显示 NULL 和 00。16 个按键的键码分别为 01～10，按键的名称分别为 NUM0、NUM1、…、NUM9、WEEK、MOVE、ENTER、CANL、TIME 和 DATE。

3. 硬件原理图

用单片机 P3 口的低 4 位输出矩阵式键盘的行扫描，P3 口的高 4 位检测读入控制矩阵式键盘的列线值。P0 口控制 LCD1602 液晶显示器显示按键的键码和名称。图 5-1 所示为矩阵式键盘按键检测控制原理图。

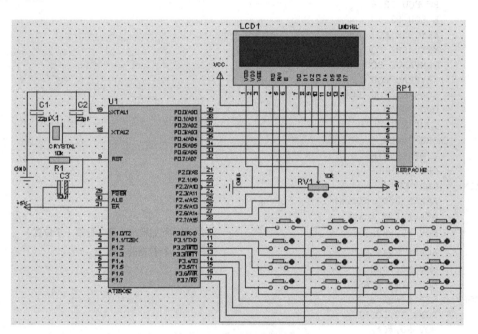

图 5-1 矩阵式键盘按键检测控制原理图

4. 项目元器件清单

表 5-1 　　　　　　　　　　　　　　任务一元器件清单

元件名称	搜索关键词	元件序号	数值	备注
电阻	Resistor	R1	10k	
陶瓷电容器	CERAMIC22P	C1、C2	22p	
电解电容器	MINELECT1U63V	C3	10μ	
电位器	POT-HG	RV1		
排阻	RES PACK4	RP1		

续表

元件名称	搜索关键词	元件序号	数值	备注
晶振	CRYSTAL	X1	12M	
单片机	AT89C52	U1		
液晶显示器	LM016L	LCD1		
按键	SW-PB	K0 ~ K15		

5. 程序实现

由于用定时器来计算时间，定时时间为 50 ms。每次到了定时时间时对按键的行线扫描一次，同时读列线的值，再把扫描行线的低四位与读入列线的高四位组合成一个字节的键值。键值通过查表的方式确定按键的键码和名称送入液晶显示器 LCD1602 显示。参考程序如下：

```
            RS EQU P2.5
            RW EQU P2.6
            E EQU P2.7
            KEYCODE EQU 30H
            KEYVALUE EQU 31H
            TEMVALUE EQU 32H
            KEYFLAG EQU 33H
            SCANKEY EQU 34H
            ORG 0000H
            LJMP MAIN
            ORG 000BH
            LJMP SEVTIM
            ORG  0100H
MAIN:       CLR  EA
            ACALL LCD_initial
            ACALL TIM_init
            MOV P0,#80H              ;写入显示起始地址（第1行第1个位置）
            ACALL ENABLE            ;写入第1行数据的代码
            MOV R0,#09H
            MOV DPTR,#TAB1
LOOP1:      ACALL Write_Data
            DJNZ R0,LOOP1
            MOV R0,#0AH
            MOV P0,#0C0H            ;写入显示起始地址（第2行第1个位置）
            ACALL ENABLE            ;写入第2行数据的代码
            MOV DPTR,#TAB2
LOOP2:      ACALL Write_Data
            DJNZ R0,LOOP2
            MOV  KEYVALUE,#0FH
            MOV  KEYFLAG,#00H
            MOV  SCANKEY,#0FEH
            SETB  EA
LOOP3:      ACALL  PROCKEY
            SJMP   LOOP3

LCD_initial:
            MOV P0,#01H             ;清屏 LCD 初始化设置
```

```
                ACALL ENABLE
                MOV P0,#38H                  ;8位2行5×7点阵
                ACALL ENABLE
                MOV P0,#0CH                  ;显示器开、光标开、闪烁开
                ACALL ENABLE
                RET
TIM_init:
                MOV    TMOD,#01H
                MOV    TL0,#0F3H
                MOV    TH0,#0D8H
                SETB   ET0
                SETB   TR0
                RET
LCD_DIS:                                     ;LCD初始化显示
                MOV P0,#89H                  ;写入显示起始地址(第1行第1个位置)
                ACALL ENABLE                 ;写入第1行数据的代码
                MOV DPTR,#TAB3
                MOV A,KEYCODE
                MOV B,#04H
                MUL AB
                MOV R0,#04H
DIS1:    ACALL Write_Data
                DJNZ R0,DIS1
                MOV P0,#0CAH                 ;写入显示起始地址(第2行第1个位置)
                ACALL ENABLE                 ;写入第2行数据的代码
                MOV DPTR,#TAB4
                MOV A,KEYCODE
                MOV B,#02H
                MUL AB
                MOV R0,#02H
DIS2:    ACALL Write_Data
                DJNZ R0,DIS2
                RET
ENABLE:
                CLR RS                       ;写入控制命令的子程序
                CLR RW
                CLR E
                ACALL Wait
                SETB E
                NOP
                RET
Write_Data:;写入数据的子程序
                PUSH  ACC
                MOVC A,@A+DPTR
                MOV P0,A
                SETB RS
                CLR RW
                CLR E
                ACALL Wait
                SETB E
                INC DPTR
```

```
            POP ACC
            RET
Wait:   MOV P0,#0FFH              ;判断液晶显示器是否忙的子程序
        CLR RS
        SETB RW
        NOP
        CLR E
        NOP
        SETB E
        NOP
        JB P0.7,Wait             ;如果 P1.7 为高电平表示忙就循环等待
        RET
SEVTIM:PUSH  ACC
        MOV   TL0,#0F3H
        MOV   TH0,#0D8H
        MOV   A,SCANKEY
        MOV   P3,A
        RL    A
        CJNE  A,#0EFH,SEV1
        MOV   A,#0FEH
SEV1:   MOV   SCANKEY,A
        MOV   A,KEYFLAG
        CJNE  A,#00H,SEV3
        MOV   A,P3
        ANL   A,#0F0H
        CJNE  A,#0F0H,SEV2
        SJMP  SEVEND
SEV2:   MOV   TEMVALUE,P3
        MOV   R7,#12
        MOV   KEYFLAG,#01H
        SJMP  SEVEND
SEV3:   CJNE  A,#01H,SEV5
        MOV   A,P3
        CJNE  A,TEMVALUE,SEV4
        MOV   KEYVALUE,A
        MOV   KEYFLAG,#02H
        MOV   R6,#30
        MOV   R7,#00
        SJMP  SEVEND
SEV4:   DJNZ  R7,SEVEND
        SJMP  SEV6
SEV5:   DJNZ  R6,SEVEND
SEV6:   CLR   A
        MOV   R6,A
        MOV   KEYFLAG,A
SEVEND:POP   ACC
        RETI
PROCKEY:MOV  A,KEYVALUE
        CJNE  A,#0EEH,PROC1
        MOV   KEYCODE,#01H
        SJMP  PROC17
PROC1:  CJNE  A,#0DEH,PROC2
        MOV   KEYCODE,#02H
```

```
            SJMP    PROC17
    PROC2:  CJNE    A,#0BEH,PROC3
            MOV     KEYCODE,#03H
            SJMP    PROC17
    PROC3:  CJNE    A,#7EH,PROC4
            MOV     KEYCODE,#04H
            SJMP    PROC17
    PROC4:  CJNE    A,#0EDH,PROC5
            MOV     KEYCODE,#05H
            SJMP    PROC17
    PROC5:  CJNE    A,#0DDH,PROC6
            MOV     KEYCODE,#06H
            SJMP    PROC17
    PROC6:  CJNE    A,#0BDH,PROC7
            MOV     KEYCODE,#07H
            SJMP    PROC17
    PROC7:  CJNE    A,#7DH,PROC8
            MOV     KEYCODE,#08H
            SJMP    PROC17
    PROC8:  CJNE    A,#0EBH,PROC9
            MOV     KEYCODE,#09H
            SJMP    PROC17
    PROC9:  CJNE    A,#0DBH,PROC10
            MOV     KEYCODE,#0AH
            SJMP    PROC17
    PROC10: CJNE    A,#0BBH,PROC11
            MOV     KEYCODE,#0BH
            SJMP    PROC17
    PROC11: CJNE    A,#7BH,PROC12
            MOV     KEYCODE,#0CH
            SJMP    PROC17
    PROC12: CJNE    A,#0E7H,PROC13
            MOV     KEYCODE,#0DH
            SJMP    PROC17
    PROC13: CJNE    A,#0D7H,PROC14
            MOV     KEYCODE,#0EH
            SJMP    PROC17
    PROC14: CJNE    A,#0B7H,PROC15
            MOV     KEYCODE,#0FH
            SJMP    PROC17
    PROC15: CJNE    A,#77H,PROC16
            MOV     KEYCODE,#10H
            SJMP    PROC17
    PROC16: MOV     KEYCODE,#00H
    PROC17: ACALL   LCD_DIS
            RET
    TAB1:   DB      4BH,45H,59H,20H,4EH,41H,4DH,45H,3AH
    TAB2:   DB      4BH,45H,59H,20H,56H,41H,4CH,55H,45H,3AH
    TAB3:   DB      4EH,55H,4CH,4CH,4EH,55H,4DH,31H,4EH,55H,4DH,32H,4EH,55H,4DH,33H,4EH,55H,
4DH,34H
            DB      4EH,55H,4DH,35H,4EH,55H,4DH,36H,4EH,55H,4DH,37H,4EH,55H,4DH,38H,4EH,55H,
4DH,39H
            DB      4EH,55H,4DH,30H,57H,45H,45H,4BH,4DH,4FH,56H,45H,54H,49H,4DH,45H,44H,41H,
54H,45H
```

```
          DB    43H,41H,4EH,4CH,45H,4EH,54H,52H
TAB4:     DB    30H,30H,30H,31H,30H,32H,30H,33H,30H,34H,30H,35H,30H,36H,30H,37H,30H,38H
          DB    30H,39H,30H,41H,30H,42H,30H,43H,30H,44H,30H,45H,30H,46H,31H,30H
          END
```

6. 拓展训练

用单片机控制一个 4×4 矩阵式键盘和液晶显示器 LCD1602 制作一个简易的加减法计算器。要求把 16 个按键中的最后四个按键合并成两个按键，按键的功能名称为：数字 0～9、+键、-键、确认键和取消键。液晶显示器第一行显示按下的数字及计算的表达式，第二行显示表达式计算结果。

任务二　简易温度计设计

1. 基本知识点

环境温度的检测需要温度传感器。传统模拟式温度传感器输出的是模拟信号，必须经过 A/D 转换后才能被单片机使用，硬件接口复杂，使用比较麻烦。数字式温度传感器输出的是数字信号，硬件接口简单，能被单片机直接使用。

DS18B20 是 DALLAS 半导体公司生产的一线式数字温度传感器。图 5-2 所示为 DS18B20 引脚和实物图，具有 3 引脚小体积封装，与单片机接口占用的 I/O 口资源少,其中引脚 1 为外接电源地线 GND、引脚 2 为数字信号输入/输出端 DQ、引脚 3 为外接电源 VCC。温度测量范围为-55℃～+125℃，测量精度高，可通过软件设定为 9～12 位的 A/D 转换精度，其中 12 位的 A/D 转换精度测量温度的分辨率可达 0.0625℃。

图 5-2　DS18B20 引脚和实物图

DS18B20 内部结构主要由 64 位光刻 ROM、温度传感器、非挥发的温度报警触发器 TH 和 TL 和配置寄存器等四个部分组成。光刻 ROM 中的 64 位序列号是出厂前被光刻好的，每个 DS18B20 的 64 位序列号是完全不相同的，可以看作是 DS18B20 的地址序列码。64 位光刻 ROM 的排列是：开始 8 位（28H）是产品类型标号,接着的 48 位是 DS18B20 自身的序列号,最后 8 位是前面 56 位的循环冗余校验码（CRC=X8+X5+X4+1）。

温度传感器可完成对温度的测量。环境温度经过 A/D 转换后，用 16 位带符号扩展的二进制补码形式存储在两个 8 位的 RAM 中，数据格式如表 5-2 所示。

表 5-2　　　　　　　　　　　DS18B20 数据格式表

温度值低字节	bit7	bit6	bit5	bit4	bit3	bit2	bit1	bit0
	2^3	2^2	2^1	2^0	2^{-1}	2^{-2}	2^{-3}	2^{-4}
温度值高字节	bit15	bit14	bit13	bit12	bit11	bit10	bit9	bit8
	S	S	S	S	S	2^6	2^5	2^4

其中二进制中高字节的前面 5 位是符号位。如果测得的温度大于 0℃，则这 5 位数据为 0；如果测得的温度小于 0℃，这 5 位数据为 1。二进制中低字节的后面 4 位是小数位，只要将测到的数值乘于 0.0625 即可得到实际的小数点温度值。如数字输出值 07D0H 的实际温度为+125℃；数字输出值

0191H 的实际温度为+25.0625℃，数字输出值 FF6FH 的实际温度为-25.0625℃。

　　DS18B20 定义的一条信号线 DQ 是漏极开路型的，因此需要外接一个 5kΩ 左右的上拉电阻，使之在空闲状态时为高电平。单片机控制 DS18B20 完成温度转换和读出温度值必须经过三个步骤：每一次读写之前都要控制 DS18B20 进行复位，复位成功后发送一条 ROM 操作指令，最后发送 RAM 操作指令，这样才能对 DS18B20 进行预定的操作。

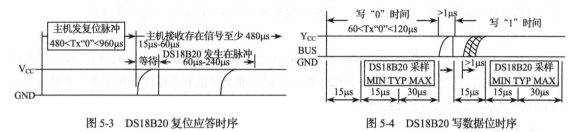

图 5-3　DS18B20 复位应答时序　　　　　　　　图 5-4　DS18B20 写数据位时序

　　复位操作包含单片机发出的复位脉冲和 DS18B20 发出的复位应答脉冲。时序要求如图 5-3 所示：单片机将数据线 DQ 下拉最少 480μs 产生复位脉冲信号，然后将数据线 DQ 的控制权释放，进入接收应答状态。此时在 5kΩ 上拉电阻的作用下会将数据线 DQ 拉成高电平。DS18B20 在检测到单片机发出的复位脉冲等待 15～60μs 后，重新将数据线 DQ 下拉并保持 60～240μs 的存在应答脉冲信号。单片机接收到 DS18B20 发出的存在应答脉冲信号后，则认为复位操作成功。

　　单片机对 DS18B20 进行数据交换是通过时序处理位来确认的，因此，在数据交换时对时序的要求要严格地执行。图 5-4 所示为单片机写数据到 DS18B20 的时序，分为写 1 和写 0 两种。写 1 时单片机先把数据线 DQ 下拉，然后在 15μs 内将数据线 DQ 的控制权释放，在 5kΩ 上拉电阻的作用下会将数据线 DQ 重拉成高电平。写 0 时单片机把数据线 DQ 下拉并最少保持 60μs。单片机字节数据的写入按低位到高位的顺序一位一位地发送字节位，直到一个字节 8 位全部写完为止，每写完一位至少要保持 60μs 的时间和 1μs 恢复时间。

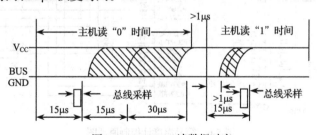

图 5-5　DS18B20 读数据时序

　　图 5-5 所示为单片机从 DS18B20 读数据的时序。首先单片机将数据线 DQ 下拉并最少保持 1μs，然后释放数据线 DQ 的控制权，在 15μs 之后读数据线 DQ 的数据。如果 DS18B20 将数据线 DQ 下拉的时间低于 15μs，在 5kΩ 上拉电阻的作用下会将数据线 DQ 重拉成高电平，所以单片机读的数据为 1；如果 DS18B20 将数据线 DQ 下拉的时间高于 15μs，则单片机读的数据为 0。单片机读字节数据时按低位到高位的顺序一位一位读，直到一个字节 8 位全部读完为止，每读一位至少要保持 60μs 的时间和 1μs 恢复时间。

　　单片机控制 DS18B20 进行单点测温操作流程：发送复位脉冲信号并等待 DS18B20 发出复位应答脉冲信号→发送 ROM 编码指令 0CCH（0CCH：跳过 DS18B20 内部 64 位的 ROM 指令。）→发送 ROM 编码指令 44H（44H：启动 DS18B20 进行温度转换指令）→保持 450～600 微秒等待 DS18B20 进行温度 A/D 转换→再发送复位脉冲信号并等待 DS18B20 发出复位应答脉冲信号→发送 ROM 编码指令 0CCH（0CCH：跳过 DS18B20 内部 64 位的 ROM 指令。）→发送 ROM 编码指令 0BEH（0BEH：读取内部 RAM 温度字节内容指令。）→读取温度低字节内容→读取温度高字节内容。

2. 内容描述

　　用单片机控制温度传感器 DS18B20 检测环境温度，并把检测的温度值在液晶显示器 LCD1602 显示出来。要求调节温度传感器 DS18B20 检测的温度使温度值有正温度和负温度，液晶显示器 LCD1602 显示的温度值与之保持一致。

3. 硬件原理图

　　用 AT89C52 单片机的 P1.4 控制 DS18B20 温度传感器进行温度检测，并把温度值在 LCD1602 液晶显示器显示。P2 口用作 LCD1602 液晶显示器的数据输出端，P3 口的 P3.5、P3.6 和 P3.7 作为控制输出端。调节可调电阻 RV1 可调节 LCD1602 液晶显示器的显示对比度。图 5-6 所示为简易温度计控制原理图。

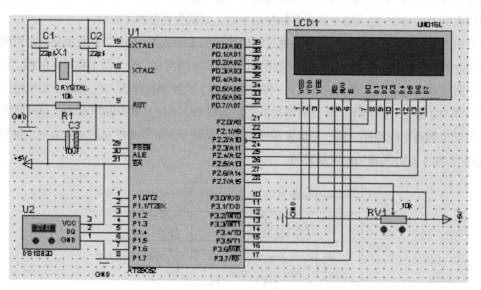

图 5-6　简易温度计控制原理图

4. 元器件清单

表 5-3　　　　　　　　　　　　　　　任务二元器件清单

元件名称	搜索关键词	元件序号	数值	备注
电阻	Resistor	R1	10k	
陶瓷电容器	CERAMIC22P	C1、C2	22p	
电解电容器	MINELECT1U63V	C3	10μ	

续表

元件名称	搜索关键词	元件序号	数值	备注
电位器	POT-HG	RV1		
晶振	CRYSTAL	X1	12M	
单片机	AT89C52	U1		
液晶显示器	lm0161	LCD1		
温度传感器	DS18B20	U2		

5. 程序实现

由于程序既要检测温度，又要控制显示，实现起来比较复杂，采用模块化的程序设计方法会使程序实现功能更为简单。程序控制 DS18B20 进行温度检测包含复位应答模块、发送 ROM 控制命令模块、写一个字节模块、读一个字节模块和温度数据处理模块等。在读写字节模块时程序必须严格按照时序要求进行控制，否则难于读出正确的温度值。程序控制 LCD1602 液晶显示包含显示设置模块和数据显示模块等。参考程序如下：

```
         DQ_DATA    EQU P1.4              ;DQ 信号线
                    RS EQU P3.5
                    RW EQU P3.6
                    E  EQU P3.7
                    ER_Flag  BIT 20H.7    ;错误标志
                    SYM_Flag BIT 20H.6    ;符号标志
         TEML       EQU 70H
         TEMH       EQU 71H
         DATA0      EQU 72H
         DATA1      EQU 73H
         DATA2      EQU 74H
         DATA3      EQU 75H
                    ORG 0000H
                    LJMP MAIN
                    ORG 0100H
         MAIN:      ACALL LCD_INIT
                    ACALL INIT_18B20
                    MOV   P2,#80H         ;写入显示起始地址（第1行第1个位置）
                    ACALL ENABLE          ;写入第1行数据的代码
                    MOV   R0,#04H
                    MOV   DPTR,#TAB1
         LOOP1:     CLR   A
                    MOVC  A,@A+DPTR
                    ACALL Write_Data
                    INC   DPTR
                    DJNZ  R0,LOOP1
                    ACALL START_TEMP
                    CLR   ER_Flag         ;错误标志
         LOOP2:     ACALL READ_TEMP
                    ACALL PROC_TEMP
                    ACALL DIS_LCD
                    ACALL START_TEMP
```

```
            SJMP  LOOP2
LCD_INIT:
        MOV P2,#01H                      ;清屏 LCD 初始化设置
        ACALL ENABLE
        MOV P2,#38H                      ;8 位 2 行 5×7 点阵
        ACALL ENABLE
        MOV P2,#0CH                      ;显示器开、光标开、闪烁开
        ACALL ENABLE
        RET
;===============================================;
;DS18B20 系统初始化子程序，无入口参数和出口参数  ;
;===============================================;
INIT_18B20:
        SETB DQ_DATA                     ;DQ 信号线
        NOP
        NOP
        CLR DQ_DATA                      ;DQ 信号线
        MOV R1,#02H
INIT_1:  MOV R0,#130
        DJNZ R0,$
        DJNZ R1,INIT_1
        SETB DQ_DATA                     ;DQ 信号线
        MOV R0,#23
        DJNZ R0,$
        MOV  R0,#32H
INIT_2:  JNB  DQ_DATA,INIT_3
        DJNZ R0,INIT_2
        SETB ER_Flag                     ;错误标志
        SJMP INIT_4
INIT_3:  CLR  ER_Flag                    ;错误标志
        MOV  R0,#230
        DJNZ R0,$
        SETB DQ_DATA                     ;DQ 信号线
        NOP
        NOP
INIT_4:  RET
DIS_LCD:
        MOV R0,#04H
        MOV  P2,#0C0H                    ;写入显示起始地址（第 2 行第 1 个位置）
        ACALL ENABLE                     ;写入第 2 行数据的代码
        MOV  DPTR,#TAB2
        MOV  R1,#DATA0
DIS1:  MOV  A,@R1
        MOVC A,@A+DPTR
        ACALL Write_Data

DIS2:  INC  R1
        DJNZ R0,DIS1
        RET
ENABLE:
```

```
        CLR RS                          ;写入控制命令的子程序
        CLR RW
        CLR E
        ACALL Wait
        SETB E
        NOP
        RET
Write_Data:;写入数据的子程序
        MOV P2,A
        SETB RS
        CLR RW
        CLR E
        ACALL Wait
        SETB E
        RET
Wait:  MOV P2,#0FFH                      ;判断液晶显示器是否忙的子程序
        CLR RS
        SETB RW
        NOP
        CLR E
        NOP
        SETB E
        NOP
        JB P2.7,Wait                     ;如果P1.7为高电平表示忙就循环等待
        RET
;==================================================;
;读DS18B20温度值程序，入口参数无，出口参数A      ;
;==================================================;
READ_TEMP:
        ACALL INIT_18B20
        MOV   A,#0CCH
        ACALL WRITE_BYTE
        MOV   A,#0BEH
        ACALL WRITE_BYTE
        ACALL READ_BYTE
        MOV   TEML,A
        ACALL READ_BYTE
        MOV   TEMH,A
        RET
;==================================================;
;写DS18B20字节子程序，入口参数A，无出口参数       ;
;==================================================;
WRITE_BYTE:
        MOV R2,#08H
        CLR C
WRITE1: CLR DQ_DATA            ;DQ信号线
        MOV R3,#05H
        DJNZ R3,$
        RRC A
        MOV DQ_DATA,C          ;DQ信号线
        MOV R3,#22
```

```
            DJNZ R3,$
            SETB DQ_DATA            ;DQ 信号线
            NOP
            NOP
            DJNZ R2,WRITE1
            RET
;==============================================;
;读 DS18B20 字节子程序，入口参数无，出口参数 A      ;
;==============================================;
READ_BYTE:
            MOV  R2,#08H
            CLR  C
READ0:      CLR  DQ_DATA            ;DQ 信号线
            MOV  R0,#06H
            DJNZ R0,$
            SETB DQ_DATA            ;DQ 信号线
            MOV  R0,#05H
            DJNZ R0,$
            MOV  C,DQ_DATA          ;DQ 信号线
            MOV  R0,#35
            DJNZ R0,$
            RRC  A
            DJNZ R2,READ0
            RET
;==============================================;
;启动 DS18B20 温度转换程序，入口参数无，出口参数无;
;==============================================;
START_TEMP:
            ACALL INIT_18B20
            MOV   A,#0CCH
            ACALL WRITE_BYTE
            MOV   A,#44H
            ACALL WRITE_BYTE
            MOV   R0,#230
            DJNZ  R0,$
            RET
;==============================================;
;处理 DS18B20 温度程序，入口参数无，出口参数无;
;==============================================;
PROC_TEMP:
            CLR   SYM_Flag          ;符号标志
            MOV   A,TEMH
            ANL   A,#80H
            JZ    PROC_1
            CLR   C
            MOV   A,TEML
            CPL   A
            INC   A
            MOV   TEML,A
            MOV   A,TEMH
            CPL   A
```

```
               ADDC   A,#00H
               MOV    TEMH,A
               SETB   SYM_Flag              ;符号标志
    PROC_1:    MOV    A,TEML
               ANL    A,#0FH
               MOV    DPTR,#TEMTAB
               MOVC   A,@A+DPTR
               MOV    DATA3,A
               MOV    A,TEML
               ANL    A,#0F0H
               SWAP   A
               MOV    TEML,A
               MOV    A,TEMH
               ANL    A,#0FH
               SWAP   A
               ORL    A,TEML
               MOV    TEML,A
               MOV    B,#100
               DIV    AB
               JZ     PROC_2
               MOV    DATA0,A
    PROC_2:    MOV    A,#10
               XCH    A,B
               DIV    AB
               MOV    DATA1,A
               MOV    DATA2,B
               RET
    TAB1:   DB   54H,45H,4DH,50H,3AH
    TAB2:   DB   30H,31H,32H,33H,34H,35H,36H,37H,38H,39H,2EH,45H,72H,5FH;"0123456789.ER-"
    TEMTAB: DB   00H,01H,01H,02H,03H,03H,04H,04H,05H,06H,06H,07H,08H,08H,09H,09H;
"0123456789ABCDEF"
               END
```

6. 拓展训练

在实现上述功能的基础上增加温度限制报警装置。用单片机的 P1.0 和 P1.1 分别控制一个红色发光二极管和一个黄色发光二极管，当温度传感器 DS1820 检测的温度超过 40℃时控制亮红色发光二极管，温度小于 5℃时控制亮黄色发光二极管，温度在两者之间时两个发光二极管都是熄灭。试设计硬件和编写软件。

任务三 简易数字时钟设计

1. 基本知识点

DS1302 芯片是 DALLAS 公司推出的一种高性能、低功耗，具有涓流充电的实时时钟芯片。内含有一个实时时钟、日历和 31 个字节静态 RAM。实时时钟提供时、分、秒、年、月、日和星期的信息，每月的天数和闰年的天数可自动调整，时钟具有 AM/PM 指示决定采用 24 小时或 12 小时格式。图 5-7 所示为 DS1302 芯片的实物和引脚图。引脚 X1 和 X2 是芯片时钟的输入输出引脚，外接 32.768KHz 晶振。引脚 RST 是复位/片选引脚，系统上电后，在 VCC>2.5V 之前，RST 保持低电平使芯片处在复位状态；当进行数据传输时，RST 必须保持高电平。引脚 Vcc1 和 Vcc2 是电源供电引脚，其中 Vcc2 是主电源引脚，Vcc1 是备用电源引脚，当 Vcc2>Vcc1+0.2V 时，由 Vcc2 供电，否则由 Vcc1 供电。GND 地线管脚。引脚 GND 为供电电源地线。引脚 I/O 是双向的串行数据输入/输出线。引脚 SCLK 串行同步时钟输入线。

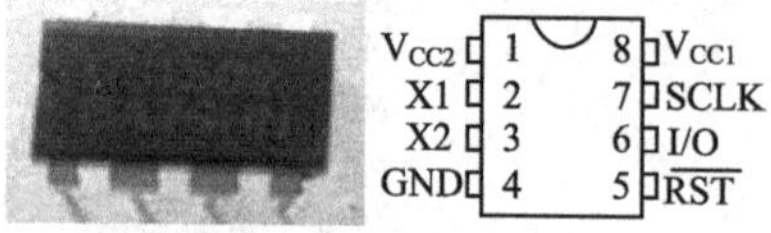

单片机控制对 DS1302 芯片有关寄存器的读写来控制日期、时间数据的读写。读时间、日期数据寄存器分配的地址为 81H～8DH，写时间、日期数据寄存器分配的地址为 80H～8CH，数据在寄存器中的存放格式是按 BCD 码的格式存放的，如表 5-4 所示。

图 5-7　DS1302 实物和引脚图

表 5-4　　　　　　　　　　　　　任务三元器件清单

控制字		各位内容								
读寄存器	写寄存器	B7	B6	B5	B4	B3	B2	B1	B0	范围
81H	80H	CH		10 秒						00～59
83H	82H			10 分						00～59
85H	84H	12/24	0	10						00～12
				AM/PM						00～24
87H	86H	0	0	10 日						00～31
89H	88H	0	0	0	10					00～12
8BH	8AH	0	0	0	0	0	周日			1～7
8DH	8CH	10 年				年				00～99
8FH	8EH	WP	0	0	0	0	0	0	0	—

控制寄存器 84H 和 85H 为读写小时寄存器。位 7 定义 DS1302 是运行 12 小时制模式还是 24 小时制模式，当位 7 为 1 时定义 DS1302 是运行 12 小时制模式，为 0 时定义 DS1302 是运行 24 小时制模式。在 12 小时制模式下位 5 为 1 表示 PM；在 24 小时制模式下位 5 为 1 表示第二个 10 小时。

控制寄存器 80H 和 81H 为读写秒寄存器。位 7 定义 DS1302 时钟暂停标志，当位 7 为 1 时定义 DS1302 的时钟振荡器停止振荡，DS1302 处在低功耗状态；当位 7 为 0 时 DS1302 时钟开始运行。

控制寄存器 8EH 和 8FH 的位 7 为写保护位，其余位必须为 0。在对 DS1302 的时钟和 RAM 进行写任何的数据之前，位 7 必须是 0 才能对寄存器写入数据；位 7 为 1 时不能写入任何数据。

单片机通过 SPI 总线驱动方式与 DS1302 芯片进行同步通信，仅需用到三个 I/O 口线，即 RET 复位线、I/O 串行数据线和 SCLK 串行时钟线。图 5-8 和图 5-9 所示为单字节读写操作的时序图。

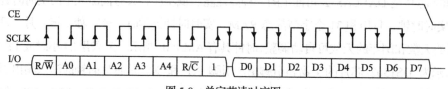

图 5-8　单字节读时序图

在进行读数据操作时，RST 必须为高电平，每个 SCLK 的下降沿通过 I/O 串行数据线读入一位数据，字节数据的八位是从低位开始读入的。

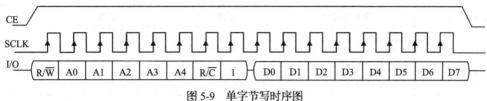

图 5-9　单字节写时序图

在进行写数据操作时，RST 必须为高电平，每个 SCLK 的上升沿通过 I/O 串行数据线写入一位数据，字节数据的八位是从低位开始写入的。

2. 内容描述

用单片机作控制，从实时时钟芯片 DS1302 读取日期、时间和星期的数据，并把读取日期、时间和星期的数据在液晶显示器 LCD1602 显示出来。要求内容分两行显示，第一行显示日期，日期的年、月、日每个数据用 '-' 分割开来，第二行显示时间和星期，时间和星期用空格分割，时间的小时、分钟和秒数据用 ":" 分割。

3. 硬件原理图

用 AT89C52 单片机的 P1.5、P1.6 和 P1.7 控制读取实时时钟芯片 DS1302 的日期、时间和星期，并把日期、时间和星期在 LCD1602 液晶显示器显示。P2 口用作 LCD1602 液晶显示器的数据输出端，P3 口的 P3.5、P3.6 和 P3.7 作为控制输出端。调节可调电阻 RV1 可调节 LCD1602 液晶显示器的显示对比度。为保证实时时钟芯片 DS1302 能正常工作，采用双电源供电的方式，系统正常供电情况下由 Vcc2 供电，失电情况下用电池供电。图 5-10 所示为简易台历控制原理图。

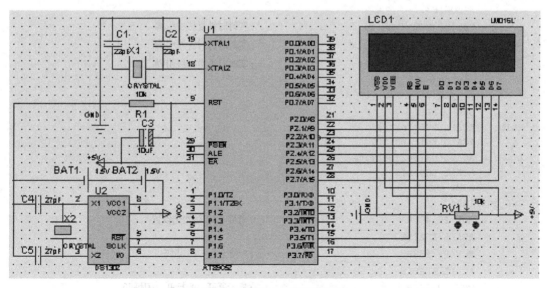

图 5-10　简易台历控制原理图

4. 元器件清单

表 5-5　　　　　　　　　　　实训项目四任务三元器件清单

元件名称	搜索关键词	元件序号	数值	备注
电阻	Resistor	R1	10k	
陶瓷电容器	CERAMIC22P	C1、C2	22p	
陶瓷电容器	CERAMIC22P	C4、C5	27p	
电解电容器	MINELECT1U63V	C3	10μ	
电位器	POT-HG	RV1		
晶振	CRYSTAL	X1	12M	
电源		BAT1、BAT2	15V	
单片机	AT89C52	U1		
液晶显示器	lm016l	LCD1		
实时时钟芯片	DS1302	U2		

5. 参考程序

为保证实时时钟芯片 DS1302 能正常走时间，程序在实现读取实时时钟芯片 DS1302 的日期、时间和星期数据时要先对 DS1302 进行设置。首先要设置秒寄存器的时钟暂停标志位（CH）为 0，使时钟振荡器正常工作，时钟开始运行。同时要打开控制寄存器 8EH 和 8FH 的位 7 写保护位设置为 0，对 DS1302 有关初始数据进行修改，修改完成后关闭写保护使之为 1。时间正常运行后不要打开写保护防止错误修改数据。参考程序如下：

```
        RS EQU P3.5
        RW EQU P3.6
        E EQU P3.7
        DS1302_RST  EQU P1.5          ;实时时钟复位线引脚
        DS1302_CLK  EQU P1.6          ;实时时钟时钟线引脚
        DS1302_IO   EQU P1.7          ;实时时钟数据线引脚
        ORG 0000H
        LJMP MAIN
        ORG  0100H
MAIN:   ACALL LCD_initial
        ACALL Init_DS1302
LOOP:   ACALL DS1302_GetTime
        ACALL LCD_DIS
        SJMP LOOP
LCD_initial:
        MOV P2,#01H                   ;清屏 LCD 初始化设置
        ACALL ENABLE
        MOV P2,#38H                   ;8 位 2 行 5×7 点阵
        ACALL ENABLE
        MOV P2,#0CH                   ;显示器开、光标开、闪烁开
        ACALL ENABLE
        RET
```

```
TIM_init:
        MOV    TMOD,#01H
        MOV    TL0,#0F3H
        MOV    TH0,#0D8H
        SETB   ET0
        SETB   TR0
        RET
LCD_DIS:                            ;LCD初始化显示
        MOV    P2,#80H              ;写入显示起始地址（第1行第1个位置）
        ACALL ENABLE                ;写入第1行数据的代码
        MOV    DPTR,#TAB
        MOV    R1,#40H
        MOV    R0,#0AH
DIS1:   MOV    A,@R1
        MOVC   A,@A+DPTR
        ACALL Write_Data
        INC    R1
        DJNZ   R0,DIS1
        MOV    P2,#0C0H             ;写入显示起始地址（第2行第1个位置）
        ACALL ENABLE                ;写入第2行数据的代码
        MOV    R0,#08H
DIS2:   MOV    A,@R1
        MOVC   A,@A+DPTR
        ACALL Write_Data
        INC    R1
        DJNZ   R0,DIS2
        MOV    P2,#0CDH             ;写入显示起始地址（第2行第1个位置）
        ACALL ENABLE                ;写入第2行数据的代码
        MOV    A,@R1
        MOVC   A,@A+DPTR
        ACALL Write_Data
        RET
ENABLE:
        CLR    RS                   ;写入控制命令的子程序
        CLR    RW
        CLR    E
        ACALL Wait
        SETB   E
        NOP
        RET
Write_Data:;写入数据的子程序
        MOV    P2,A
        SETB   RS
        CLR    RW
        CLR    E
        ACALL Wait
        SETB   E
        RET
Wait:   MOV    P2,#0FFH             ;判断液晶显示器是否忙的子程序
        CLR    RS
        SETB   RW
```

```
        NOP
        CLR   E
        NOP
        SETB  E
        NOP
        JB    P2.7,Wait          ;如果 P1.7 为高电平表示忙就循环等待
        RET
Init_DS1302:
        MOV   R0,#80H
        ACALL Read_1302
        ANL   A,#80H
        JZ    INITEND             ;判断时钟芯片是否关闭
        MOV   R0,#8EH
        MOV   R1,#00H
        ACALL Write_1302          ;写入允许
        MOV   R0,#8CH
        MOV   R1,#0BH
        ACALL Write_1302
        MOV   R0,#88H
        MOV   R1,#05H
        ACALL Write_1302
        MOV   R0,#86H
        MOV   R1,#05H
        ACALL Write_1302
        MOV   R0,#8AH
        MOV   R1,#04H
        ACALL Write_1302
        MOV   R0,#84H
        MOV   R1,#23H
        ACALL Write_1302
        MOV   R0,#82H
        MOV   R1,#59H
        ACALL Write_1302
        MOV   R0,#80H
        MOV   R1,#55H
        ACALL Write_1302
        MOV   R0,#8EH
        MOV   R1,#80H
        ACALL Write_1302
INITEND:RET
DS1302_GetTime:
        MOV   R1,#40H
        MOV   @R1,#02H
        INC   R1
        MOV   @R1,#00H
        INC   R1
        MOV   R0,#8CH
        ACALL Read_1302
        MOV   R4,A
        ANL   A,#0F0H
        SWAP  A
        MOV   @R1,A
        INC   R1
```

```
MOV   A,R4
ANL   A,#0FH
MOV   @R1,A
INC   R1
MOV   @R1,#0AH
INC   R1
MOV   R0,#88H
ACALL Read_1302
MOV   R4,A
ANL   A,#0F0H
SWAP  A
MOV   @R1,A
INC   R1
MOV   A,R4
ANL   A,#0FH
MOV   @R1,A
INC   R1
MOV   @R1,#0AH
INC   R1
MOV   R0,#86H
ACALL Read_1302
MOV   R4,A
ANL   A,#0F0H
SWAP  A
MOV   @R1,A
INC   R1
MOV   A,R4
ANL   A,#0FH
MOV   @R1,A
INC   R1
MOV   R0,#84H
ACALL Read_1302
MOV   R4,A
ANL   A,#0F0H
SWAP  A
MOV   @R1,A
INC   R1
MOV   A,R4
ANL   A,#0FH
MOV   @R1,A
INC   R1
MOV   @R1,#0BH
INC   R1
MOV   R0,#82H
ACALL Read_1302
MOV   R4,A
ANL   A,#0F0H
SWAP  A
MOV   @R1,A
INC   R1
MOV   A,R4
ANL   A,#0FH
MOV   @R1,A
INC   R1
```

```
            MOV   @R1,#0BH
            INC   R1
            MOV   R0,#80H
            ACALL Read_1302
            MOV   R4,A
            ANL   A,#0F0H
            SWAP  A
            MOV   @R1,A
            INC   R1
            MOV   A,R4
            ANL   A,#0FH
            MOV   @R1,A
            INC   R1
            MOV   R0,#8AH
            ACALL Read_1302
            MOV   @R1,A
            RET
Write_1302:                       ;DS1302 地址的数据
            CLR   DS1302_RST
            CLR   DS1302_CLK
            SETB  DS1302_RST
            MOV   A,R0             ;地址
            ACALL INPUTBYTE
            MOV   A,R1             ;数据
            ACALL INPUTBYTE
            SETB  DS1302_CLK
            CLR   DS1302_RST
            RET
Read_1302:                        ;读取 DS1302 某地址的数据
            MOV   A,R0
            ORL   A,#01H
            CLR   DS1302_RST
            CLR   DS1302_CLK
            SETB  DS1302_RST
            ACALL INPUTBYTE
            ACALL OUTPUTBYTE
            SETB  DS1302_CLK
            CLR   DS1302_RST
            RET
INPUTBYTE:                        ;实时时钟写入一字节
            MOV   R3,#08H
            CLR   C
IBYTE:      RRC   A
            MOV   DS1302_IO,C
            SETB  DS1302_CLK
        Nop
        Nop
            CLR   DS1302_CLK
            DJNZ  R3,IBYTE
            RET
OUTPUTBYTE:                       ;实时时钟读取一字节
            MOV   R3,#08H
```

```
              CLR   A
OBYTE:        ;RRC  A
              MOV   C,DS1302_IO
              RRC   A
              SETB  DS1302_CLK
              NOP
              CLR   DS1302_CLK
              DJNZ  R3,OBYTE
              RET
TAB:          DB    30H,31H,32H,33H,34H,35H,36H,37H,38H,39H,2DH,3AH
              END
```

6. 拓展训练

在完成上述项目任务中，在单片机引脚 P3.3 上增加连接一个蜂鸣器，如图 5-11 所示。要求当时钟为整点时蜂鸣器能鸣响报声，试编写程序实现。

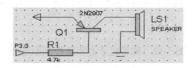

图 5-11 增加报声电路

任务四 袖珍电子万年历设计

1. 内容描述

用单片机作控制，从温度传感器 DS18B20 中读取检测的当前环境温度值，从实时时钟芯片 DS1302 读取日期、时间和星期的值，并用 LCD1602 液晶显示器显示相关值。内容显示分为两行，第一行为显示日期和温度，其中日期和温度用空格分开，日期的年、月、日用 '-' 分隔；第二行显示时间和星期，其中时间和星期用空格分隔，时间的小时、分钟和秒用 ':' 分隔。当实时时钟芯片 DS1302 的日期、时间数据有错误或需要调整时，用一个 4×4 矩阵式键盘的按键修改相关值。

键盘按键的功能定义如下：数字 0、数字 1…数字 9、日期修改、时间修改、星期修改、光标移动、修改取消和修改确认。在数据修改时，显示在液晶显示屏 LCD1602 相应的数据要能跟着修改并闪烁提示，按修改确认键后能把修改的数据写入到实时时钟芯片 DS1302 中；按修改取消键后维持原有的数据，修改的数据写入到实时时钟芯片 DS1302 中。

2. 硬件原理图

用单片机的 P3 口控制 4×4 矩阵式键盘，其中低 4 位为行扫描线，高 4 位为列线。P0 口作为控制 LCD1602 液晶显示器的数据线，P2 口的 P3.5、P3.6 和 P3.7 作为 LCD1602 液晶显示器输出控制线，调节可调电阻 RV1 可调节 LCD1602 液晶显示器的显示对比度。P1 口的 P1.5、P1.6 和 P1.7 作控制读取实时时钟芯片 DS1302 的日期、时间和星期数据，同时对实时时钟芯片 DS1302 采用双电源供电的方式，系统正常供电情况下由 Vcc2 供电，失电情况下用电池供电。P1 口的 P1.4 作为控制 DS18B20 温度传感器进行温度检测的数据线。图 5-12 所示为袖珍电子万年历控制原理图。

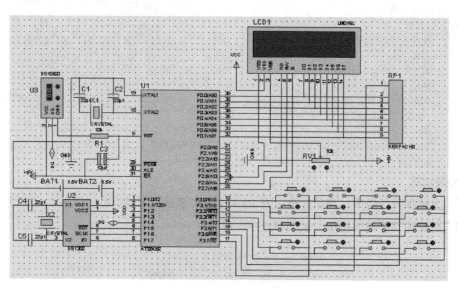

图 5-12　袖珍电子万年历控制原理图

3. 项目元器件清单

表 5-6　　　　　　　　　　　　　任务四元器件清单

元件名称	搜索关键词	元件序号	数值	备注
电阻	Resistor	R1	10k	
陶瓷电容器	CERAMIC22P	C1、C2	22p	
陶瓷电容器	CERAMIC22P	C4、C5	27p	
电解电容器	MINELECT1U63V	C3	10μ	
电位器	POT-HG	RV1		
晶振	CRYSTAL	X1	12M	
电源		BAT1、BAT2	15V	
单片机	AT89C52	U1		
液晶显示器	lm016l	LCD1		
实时时钟芯片	DS1302	U2		
温度传感器	DS18B20	US		
按键	SW-PB	K0～K15		

4. 程序实现

程序不断循环地读取实时时钟芯片 DS1302 的日期、时间、星期数据和温度传感器 DS18B20 检测的温度值，并把这些数据一次性送入液晶显示器 LCD1602 显示。用定时器来计算时间，定时时间为 10ms。当定时时间到来时，对矩阵式键盘扫描一次，判读键盘是否有按键按下。按键按下后首先判断是否是修改键，不是修改键按下显示内容不变，是修改键则暂停读取实时时钟芯片 DS1302

和温度传感器 DS18B20 的数据，保持显示的内容不变，同时根据按键的具体功能在液晶显示器 LCD1602 相应的位置上控制内容闪烁。当按下数字键时，当前显示的内容根据数字更新，按下移动键时更换修改的内容，按下取消键时退出修改状态，按下确认键时把显示的内容写回到实时时钟芯片 DS1302 并退出修改状态。参考程序如下：

```
            RS EQU P2.5
            RW EQU P2.6
            E EQU P2.7
            DQ_DATA    EQU P1.4        ;DQ 信号线
            DS1302_RST EQU  P1.5        ;实时时钟复位线引脚
            DS1302_CLK EQU    P1.6      ;实时时钟时钟线引脚
            DS1302_IO  EQU P1.7         ;实时时钟数据线引脚
            ER_Flag    BIT 20H.7        ;错误标志
            SYM_Flag   BIT 20H.6        ;符号标志
            TEML       EQU 70H
            TEMH       EQU 71H
            DATA0      EQU 72H
            DATA1      EQU 73H
            DATA2      EQU 74H
            DATA3      EQU 75H
            KEYCODE    EQU 30H
            KEYVALUE   EQU 31H
            TEMVALUE   EQU 32H
            KEYFLAG    EQU 33H
            SCANKEY    EQU 34H
            ORG 0000H
            LJMP MAIN
            ORG 000BH
            LJMP SEVTIM
            ORG 0100H
    MAIN:   CLR EA
            ACALL TIM_init
            ACALL LCD_initial
            ACALL INIT_18B20
            ACALL Init_DS1302
            ACALL START_TEMP
            CLR   ER_Flag               ;错误标志
            MOV   KEYVALUE,#0FH
            MOV   KEYFLAG,#00H
            MOV   SCANKEY,#0FEH
            SETB EA
    LOOP:   ACALL DS1302_GetTime
            ACALL READ_TEMP
            ACALL PROC_TEMP
            ACALL LCD_DIS
            ACALL START_TEMP
            ACALL PROCKEY
            SJMP LOOP
LCD_initial:
            MOV P0,#01H                 ;清屏 LCD 初始化设置
```

```
            ACALL ENABLE
            MOV  P0,#38H                ;8 位 2 行 5×7 点阵
            ACALL ENABLE
            MOV  P0,#0CH                ;显示器开、光标开、闪烁开
            ACALL ENABLE
            RET
    TIM_init:
            MOV  TMOD,#01H
            MOV  TL0,#0F3H
            MOV  TH0,#0D8H
            SETB ET0
            SETB TR0
            RET
    LCD_DIS:                            ;LCD 初始化显示
            MOV  P0,#80H                ;写入显示起始地址（第 1 行第 1 个位置日期）
            ACALL ENABLE               ;写入第 1 行数据的代码
            MOV  DPTR,#TAB
            MOV  R1,#40H
            MOV  R0,#0AH
    DIS1:   MOV  A,@R1
            MOVC A,@A+DPTR
            ACALL Write_Data
            INC  R1
            DJNZ R0,DIS1
            MOV  P0,#0C0H               ;写入显示起始地址（第 2 行第 1 个位置时间）
            ACALL ENABLE               ;写入第 2 行数据的代码
            MOV  R0,#08H
    DIS2:   MOV  A,@R1
            MOVC A,@A+DPTR
            ACALL Write_Data
            INC  R1
            DJNZ R0,DIS2
            MOV  P0,#0CCH               ;写入显示起始地址（第 2 行第 1 个位置星期）
            ACALL ENABLE               ;写入第 2 行数据的代码
            MOV  A,@R1
            MOVC A,@A+DPTR
            ACALL Write_Data
            MOV  P0,#8CH                ;写入显示起始地址（第 1 行第 1 个位置温度）
            ACALL ENABLE
            MOV  R0,#04H
            MOV  R1,#DATA0
    DIS3:   MOV  A,@R1
            MOVC A,@A+DPTR
            ACALL Write_Data
            INC  R1
            DJNZ R0,DIS3
            RET
    ENABLE:
            CLR  RS                     ;写入控制命令的子程序
            CLR  RW
            CLR  E
```

```
        ACALL Wait
        SETB  E
        NOP
        RET
Write_Data::;写入数据的子程序
        MOV   P0,A
        SETB  RS
        CLR   RW
        CLR   E
        ACALL Wait
        SETB  E
        RET
Wait:   MOV   P0,#0FFH         ;判断液晶显示器是否忙的子程序
        CLR   RS
        SETB  RW
        NOP
        CLR   E
        NOP
        SETB  E
        NOP
        JB    P0.7,Wait        ;如果P1.7为高电平表示忙就循环等待
        RET
Init_DS1302:
        MOV R0,#80H
        ACALL Read_1302
        ANL A,#80H
        JZ    INITEND          ;判断时钟芯片是否关闭
        MOV R0,#8EH
        MOV R1,#00H
        ACALL Write_1302       ;写入允许
        MOV   R0,#8CH
        MOV   R1,#0BH
        ACALL Write_1302
        MOV   R0,#88H
        MOV   R1,#05H
        ACALL Write_1302
        MOV   R0,#86H
        MOV   R1,#05H
        ACALL Write_1302
        MOV   R0,#8AH
        MOV   R1,#04H
        ACALL Write_1302
        MOV   R0,#84H
        MOV   R1,#23H
        ACALL Write_1302
        MOV   R0,#82H
        MOV   R1,#59H
        ACALL Write_1302
        MOV   R0,#80H
        MOV   R1,#55H
        ACALL Write_1302
        MOV   R0,#8EH
```

```asm
        MOV   R1,#80H
        ACALL Write_1302
INITEND:RET
DS1302_GetTime:
        MOV   R1,#40H
        MOV   @R1,#02H
        INC   R1
        MOV   @R1,#00H
        INC   R1
        MOV   R0,#8CH
        ACALL Read_1302
        MOV   R4,A
        ANL   A,#0F0H
        SWAP  A
        MOV   @R1,A
        INC   R1
        MOV   A,R4
        ANL   A,#0FH
        MOV   @R1,A
        INC   R1
        MOV   @R1,#0AH
        INC   R1
        MOV   R0,#88H
        ACALL Read_1302
        MOV   R4,A
        ANL   A,#0F0H
        SWAP  A
        MOV   @R1,A
        INC   R1
        MOV   A,R4
        ANL   A,#0FH
        MOV   @R1,A
        INC   R1
        MOV   @R1,#0AH
        INC   R1
        MOV   R0,#86H
        ACALL Read_1302
        MOV   R4,A
        ANL   A,#0F0H
        SWAP  A
        MOV   @R1,A
        INC   R1
        MOV   A,R4
        ANL   A,#0FH
        MOV   @R1,A
        INC   R1
        MOV   R0,#84H
        ACALL Read_1302
        MOV   R4,A
        ANL   A,#0F0H
        SWAP  A
        MOV   @R1,A
        INC   R1
```

```
        MOV   A,R4
        ANL   A,#0FH
        MOV   @R1,A
        INC   R1
        MOV   @R1,#0BH
        INC   R1
        MOV   R0,#82H
        ACALL Read_1302
        MOV   R4,A
        ANL   A,#0F0H
        SWAP  A
        MOV   @R1,A
        INC   R1
        MOV   A,R4
        ANL   A,#0FH
        MOV   @R1,A
        INC   R1
        MOV   @R1,#0BH
        INC   R1
        MOV   R0,#80H
        ACALL Read_1302
        MOV   R4,A
        ANL   A,#0F0H
        SWAP  A
        MOV   @R1,A
        INC   R1
        MOV   A,R4
        ANL   A,#0FH
        MOV   @R1,A
        INC   R1
        MOV   R0,#8AH
        ACALL Read_1302
        MOV   @R1,A
        RET
Write_1302:                 ;DS1302 地址的数据
        CLR   DS1302_RST
        CLR   DS1302_CLK
        SETB  DS1302_RST
        MOV   A,R0            ;地址
        ACALL INPUTBYTE
        MOV   A,R1            ;数据
        ACALL INPUTBYTE
        SETB  DS1302_CLK
        CLR   DS1302_RST
        RET
Read_1302:                  ;读取 DS1302 某地址的数据
        MOV   A,R0
        ORL   A,#01H
        CLR   DS1302_RST
        CLR   DS1302_CLK
        SETB  DS1302_RST
        ACALL INPUTBYTE
        ACALL OUTPUTBYTE
```

```
                SETB  DS1302_CLK
                CLR   DS1302_RST
                RET
INPUTBYTE:                              ;实时时钟写入一字节
                MOV   R3,#08H
                CLR   C
IBYTE:   RRC   A
                MOV   DS1302_IO,C
                SETB  DS1302_CLK
        Nop
        Nop
                CLR   DS1302_CLK
                DJNZ  R3,IBYTE
                RET
OUTPUTBYTE:                             ;实时时钟读取一字节
                MOV   R3,#08H
                CLR   A
OBYTE:   ;RRC   A
                MOV   C,DS1302_IO
                RRC   A
                SETB  DS1302_CLK
        Nop
        Nop
                CLR   DS1302_CLK
                DJNZ  R3,OBYTE
                RET
;===============================================;
;DS18B20 系统初始化子程序, 无入口参数和出口参数   ;
;===============================================;
INIT_18B20:
                SETB  DQ_DATA        ;DQ 信号线
                NOP
                NOP
                CLR   DQ_DATA        ;DQ 信号线
                MOV   R1,#02H
INIT_1:         MOV   R0,#130
                DJNZ  R0,$
                DJNZ  R1,INIT_1
                SETB  DQ_DATA        ;DQ 信号线
                MOV   R0,#23
                DJNZ  R0,$
                MOV   R0,#32H
INIT_2:         JNB   DQ_DATA,INIT_3
                DJNZ  R0,INIT_2
                SETB  ER_Flag        ;错误标志
                SJMP  INIT_4
INIT_3:         CLR   ER_Flag        ;错误标志
                MOV   R0,#230
                DJNZ  R0,$
                SETB  DQ_DATA        ;DQ 信号线
                NOP
                NOP
```

```
INIT_4:    RET
;==============================================;
;读 DS18B20 温度值程序，入口参数无，出口参数 A      ;
;==============================================;
READ_TEMP:
           CLR   EA
           ACALL INIT_18B20
           MOV   A,#0CCH
           ACALL WRITE_BYTE
           MOV   A,#0BEH
           ACALL WRITE_BYTE
           ACALL READ_BYTE
           MOV   TEML,A
           ACALL READ_BYTE
           MOV   TEMH,A
           SETB  EA
           RET
;==============================================;
;写 DS18B20 字节子程序，入口参数 A，无出口参数       ;
;==============================================;
WRITE_BYTE:
           MOV   R2,#08H
           CLR   C
WRITE1:    CLR   DQ_DATA        ;DQ 信号线
           MOV   R3,#05H
           DJNZ  R3,$
           RRC   A
           MOV   DQ_DATA,C       ;DQ 信号线
           MOV   R3,#22
           DJNZ  R3,$
           SETB  DQ_DATA        ;DQ 信号线
           NOP
           NOP
           DJNZ  R2,WRITE1
           RET
;==============================================;
;读 DS18B20 字节子程序，入口参数无，出口参数 A       ;
;==============================================;
READ_BYTE:
           MOV   R2,#08H
           CLR   C
READ0:     CLR   DQ_DATA        ;DQ 信号线
           MOV   R0,#06H
           DJNZ  R0,$
           SETB  DQ_DATA        ;DQ 信号线
           MOV   R0,#05H
           DJNZ  R0,$
           MOV   C,DQ_DATA       ;DQ 信号线
           MOV   R0,#35
           DJNZ  R0,$
           RRC   A
           DJNZ  R2,READ0
```

```
            RET
;===============================================;
;启动 DS18B20 温度转换程序，入口参数无，出口参数无;
;===============================================;
START_TEMP:
            CLR   EA
            ACALL INIT_18B20
            MOV   A,#0CCH
            ACALL WRITE_BYTE
            MOV   A,#44H
            ACALL WRITE_BYTE
            MOV   R0,#230
            DJNZ  R0,$
            SETB  EA
            RET
;===============================================;
;处理 DS18B20 温度程序，入口参数无，出口参数无;
;===============================================;
PROC_TEMP:
            CLR   SYM_Flag      ;符号标志
            MOV   A,TEMH
            ANL   A,#80H
            JZ    PROC_1
            CLR   C
            MOV   A,TEML
            CPL   A
            INC   A
            MOV   TEML,A
            MOV   A,TEMH
            CPL   A
            ADDC  A,#00H
            MOV   TEMH,A
            SETB  SYM_Flag      ;符号标志
PROC_1:     MOV   A,TEML
            ANL   A,#0FH
            MOV   DPTR,#TEMTAB
            MOVC  A,@A+DPTR
            MOV   DATA3,A
            MOV   A,TEML
            ANL   A,#0F0H
            SWAP  A
            MOV   TEML,A
            MOV   A,TEMH
            ANL   A,#0FH
            SWAP  A
            ORL   A,TEML
            MOV   TEML,A
            MOV   B,#100
            DIV   AB
            JZ    PROC_2
            MOV   DATA0,A
PROC_2:     MOV   A,#10
```

```
                    XCH    A,B
                    DIV    AB
                    MOV    DATA1,A
                    MOV    DATA2,B
                    RET
SEVTIM:PUSH  ACC
           PUSH  06
           PUSH  07
           MOV    TL0,#0F3H
           MOV    TH0,#0D8H
           MOV    A,SCANKEY
           MOV    P3,A
           RL     A
           CJNE   A,#0EFH,SEV1
           MOV    A,#0FEH
SEV1:      MOV    SCANKEY,A
           MOV    A,KEYFLAG
           CJNE   A,#00H,SEV3
           MOV    A,P3
           ANL    A,#0F0H
           CJNE   A,#0F0H,SEV2
           SJMP   SEVEND
SEV2:      MOV    TEMVALUE,P3
           MOV    R7,#12
           MOV    KEYFLAG,#01H
           SJMP   SEVEND
SEV3:      CJNE   A,#01H,SEV5
           MOV    A,P3
           CJNE   A,TEMVALUE,SEV4
           MOV    KEYVALUE,A
           MOV    KEYFLAG,#02H
           MOV    R6,#30
           MOV    R7,#00
           SJMP   SEVEND
SEV4:      DJNZ   R7,SEVEND
           SJMP   SEV6
SEV5:      DJNZ   R6,SEVEND
SEV6:      CLR    A
           MOV    R6,A
           MOV    KEYFLAG,A
SEVEND:POP   07
           POP    06
           POP    ACC
           RETI
PROCKEY:MOV    A,KEYVALUE
           CJNE   A,#0EEH,PROC1
           MOV    KEYCODE,#01H
           SJMP   PROC17
PROC1:     CJNE   A,#0DEH,PROC2
           MOV    KEYCODE,#02H
           SJMP   PROC17
PROC2:     CJNE   A,#0BEH,PROC3
           MOV    KEYCODE,#03H
           SJMP   PROC17
```

```
PROC3:   CJNE   A,#7EH,PROC4
         MOV    KEYCODE,#04H
         SJMP   PROC17
PROC4:   CJNE   A,#0EDH,PROC5
         MOV    KEYCODE,#05H
         SJMP   PROC17
PROC5:   CJNE   A,#0DDH,PROC6
         MOV    KEYCODE,#06H
         SJMP   PROC17
PROC6:   CJNE   A,#0BDH,PROC7
         MOV    KEYCODE,#07H
         SJMP   PROC17
PROC7:   CJNE   A,#7DH,PROC8
         MOV    KEYCODE,#08H
         SJMP   PROC17
PROC8:   CJNE   A,#0EBH,PROC9
         MOV    KEYCODE,#09H
         SJMP   PROC17
PROC9:   CJNE   A,#0DBH,PROC10
         MOV    KEYCODE,#0AH
         SJMP   PROC17
PROC10:  CJNE   A,#0BBH,PROC11
         MOV    KEYCODE,#0BH
         SJMP   PROC17
PROC11:  CJNE   A,#7BH,PROC12
         MOV    KEYCODE,#0CH
         SJMP   PROC17
PROC12:  CJNE   A,#0E7H,PROC13
         MOV    KEYCODE,#0DH
         SJMP   PROC17
PROC13:  CJNE   A,#0D7H,PROC14
         MOV    KEYCODE,#0EH
         SJMP   PROC17
PROC14:  CJNE   A,#0B7H,PROC15
         MOV    KEYCODE,#0FH
         SJMP   PROC17
PROC15:  CJNE   A,#77H,PROC16
         MOV    KEYCODE,#10H
         SJMP   PROC17
PROC16:  MOV    KEYCODE,#00H
PROC17:  RET
TAB:     DB     30H,31H,32H,33H,34H,35H,36H,37H,38H,39H,2DH,3AH
TEMTAB:  DB     00H,01H,01H,02H,03H,03H,04H,04H,05H,06H,06H,07H,08H,08H,09H,09H;
"0123456789ABCDEF
         END
```

5. 拓展训练

在完成上述项目任务的基础上，为简易电子万年历增加整点报时和温度限制报警功能。用单片机的 P1.0 和 P1.1 分别控制一个红色发光二极管和一个黄色发光二极管，当温度传感器 DS1820 检测的温度超过 40℃时控制亮红色发光二极管，温度小于 5℃时控制亮黄色发光二极管，温度在两者之间时两个发光二极管都是熄灭。单片机引脚 P1.2 上连接增加一个蜂鸣器。要求每当时钟为整点时蜂鸣器能鸣响报声，试编写程序实现。

附录一
美国标准信息交换标准码
（ASCII 码表）

目前计算机使用最广泛的西文字符集是 ASCII 码即美国标准信息交换标准码。ASCII 码是七位二进制数字表示一个字符，为了凑足一个字节，字节的最高位补一个 0。如下表所示：

ASCII 值	控制字符	十六进制	ASCII 值	控制字符	十六进制	ASCII 值	控制字符	十六进制
0	NUT	00	43	+	2B	86	V	56
1	SOH	01	44	,	2C	87	W	57
2	STX	02	45	-	2D	88	X	58
3	ETX	03	46	.	2E	89	Y	59
4	EOT	04	47	/	2F	90	Z	5A
5	ENQ	05	48	0	30	91	[	5B
6	ACK	06	49	1	31	92	\	5C
7	BEL	07	50	2	32	93	]	5D
8	BS	08	51	3	33	94	^	5E
9	HT	09	52	4	34	95	—	5F
10	LF	0A	53	5	35	96	`	60
11	VT	0B	54	6	36	97	a	61
12	FF	0C	55	7	37	98	b	62
13	CR	0D	56	8	38	99	c	63
14	SO	0E	57	9	39	100	d	64
15	SI	0F	58	:	3A	101	e	65
16	DLE	10	59	;	3B	102	f	66
17	DCI	11	60	<	3C	103	g	67
18	DC2	12	61	=	3D	104	h	68
19	DC3	13	62	>	3E	105	i	69

续表

ASCII 值	控制字符	十六进制	ASCII 值	控制字符	十六进制	ASCII 值	控制字符	十六进制
20	DC4	14	63	?	3F	106	j	6A
21	NAK	15	64	@	40	107	k	6B
22	SYN	16	65	A	41	108	l	6C
23	TB	17	66	B	42	109	m	6D
24	CAN	18	67	C	43	110	n	6E
25	EM	19	68	D	44	111	o	6F
26	SUB	1A	69	E	45	112	p	70
27	ESC	1B	70	F	46	113	q	71
28	FS	1C	71	G	47	114	r	72
29	GS	1D	72	H	48	115	s	73
30	RS	1E	73	I	49	116	t	74
31	US	1F	74	J	4A	117	u	75
32	(space)	20	75	K	4B	118	v	76
33	!	21	76	L	4C	119	w	77
34	"	22	77	M	4D	120	x	78
35	#	23	78	N	4E	121	y	79
36	$	24	79	O	4F	122	z	7A
37	%	25	80	P	50	123	{	7B
38	&	26	81	Q	51	124	|	7C
39	,	27	82	R	52	125	}	7D
40	(	28	83	X	53	126	~	7E
41	)	29	84	T	54	127	DEL	7E
42	*	2A	85	U	55			

注释：ASCII 值 0～31 为不可显示的控制字符

NUL	空	VT	垂直制表	SYN	空转同步
SOH	标题开始	FF	走纸控制	ETB	信息组传送结束
STX	正文开始	CR	回车	CAN	作废
ETX	正文结束	SO	移位输出	EM	纸尽
EOY	传输结束	SI	移位输入	SUB	换置
ENQ	询问字符	DLE	空格	ESC	换码
ACK	承认	DC1	设备控制 1	FS	文字分隔符
BEL	报警	DC2	设备控制 2	GS	组分隔符
BS	退一格	DC3	设备控制 3	RS	记录分隔符
HT	横向列表	DC4	设备控制 4	US	单元分隔符
LF	换行	NAK	否定	DEL	删除

附录二

MCS-51 单片机汇编指令集

1. 数据传送指令

指令格式	操作	功能描述	字节数	周期
MOV A,Rn	A←Rn	寄存器内容送入累加器	1	1
MOV A,direct	A←(direct)	直接地址单元中的数据送入累加器	2	1
MOV A,@Ri	A←((Ri))	间接 RAM 中的数据送入累加器	1	1
MOV A,#data	A←data	8 位立即数送入累加器	2	1
MOV Rn,A	Rn←A	累加器内容送入寄存器	1	1
MOV Rn,direct	Rn←(direct)	直接地址单元中的数据送入寄存器	2	2
MOV Rn,#data	Rn←data	8 位立即数送入寄存器	2	1
MOV direct,A	(direct)←A	累加器内容送入直接地址单元	2	1
MOV direct,Rn	(direct)←Rn	寄存器内容送入直接地址单元	2	2
MOV direct1,direct2	(direct1)←(direct2)	直接地址单元 1 中的数据送入直接地址单元 2	3	2
MOV direct,@Ri	(direct)←((Ri))	间接 RAM 中的数据送入直接地址单元	2	2
MOV direct,#data	(direct)←data	8 位立即数送入直接地址单元	3	2
MOV @Ri,A	((Ri))←A	累加器内容送入间接 RAM 单元	1	1
MOV @Ri,direct	((Ri))←direct	直接地址单元中的数据送入间接 RAM 单元	2	2
MOV @Ri,#data	((Ri))←data	8 位立即数送入间接 RAM 单元	2	1
MOV DPTR,#data16	DPTR←data16	16 位立即数地址送入地址寄存器	3	2
MOV A,@A+DPTR	A←(DPTR+A)	以 DPTR 为基地址变址寻址单元中的数据送入累加器	1	2
MOV A,@A+PC	PC←(PC+1) A←(PC+A)	以 PC 为基地址变址寻址单元中的数据送入累加器	1	2

续表

指令格式	操作	功能描述	字节数	周期
MOVX A,@Ri	A←((Ri))	外部 RAM(8 位地址)送入累加器	1	2
MOVX A,@DPTR	A←(DPTR)	外部 RAM(16 位地址)送入累加器	1	2
MOVX @Ri,A	((Ri))←A	累加器送入外部 RAM(8 位地址)	1	2
MOVX @DPTR,A	(DPTR)←A	累加器送入外部 RAM(16 位地址)	1	2
PUSH direct	(SP)←(direct) SP←SP+1	直接地址单元中的数据压入堆栈	2	2
POP direct	(direct)←(SP) SP←SP-1	堆栈中的数据弹出到直接地址单元	2	2
XCH A,Rn	A←→Rn	寄存器与累加器相互交换	1	1
XCH A,direct	A←→(direct)	直接地址单元与累加器交换	2	1
XCH A,@Ri	A←→((Ri))	间接 RAM 与累加器交换	1	1
XCHD A,@Ri	A(03)←→((Ri(03)))	间接 RAM 与累加器进行低半字节交换	1	1

2. 算术运算指令

指令格式	操作	功能描述	字节数	周期
ADD A,Rn	A←A+Rn	寄存器内容加到累加器	1	1
ADD A,direct	A←A+(direct)	直接地址单元加到累加器	2	1
ADD A,@Ri	A←A+((Ri))	间接 RAM 内容加到累加器	1	1
ADD A,#data8	A←A+data8	8 位立即数加到累加器	2	1
ADDC A,Rn	A←A+Rn+Cy	寄存器内容带进位加到累加器	1	1
ADDC A,dirct	A←A+(direct)+Cy	直接地址单元带进位加到累加器	2	1
ADDC A,@Ri	A←A+((Ri))+Cy	间接 RAM 内容带进位加到累加器	1	1
ADDC A,#data8	A←A+data8+Cy	8 位立即数带进位加到累加器	2	1
SUBB A,Rn	A←A-Rn-Cy	累加器带借位减寄存器内容	1	1
SUBB A,dirct	A←A-(direct)-Cy	累加器带借位减直接地址单元	2	1
SUBB A,@Ri	A←A-((Ri))-Cy	累加器带借位减间接 RAM 内容	1	1
SUBB A,#data8	A←A-data8-Cy	累加器带借位减 8 位立即数	2	1
INC A	A←A+1	累加器加 1	1	1
INC Rn	Rn←Rn+1	寄存器加 1	1	1
INC direct	(direct)←(direct+1)	直接地址单元内容加 1	2	1
INC @Ri	((Ri))←((Ri))+1	间接 RAM 内容加 1	1	1
INC dptr	dptr←dptr+1	DPTR 加 1	1	2
DEC A	A←A-1	累加器减 1	1	1
DEC Rn	Rn←Rn-1	寄存器减 1	1	1

续表

指令格式	操作	功能描述	字节数	周期
DEC direct	(direct)←(direct+1)	直接地址单元内容减 1	2	1
DEC @Ri	((Ri))←((Ri))-1	间接 RAM 内容减 1	1	1
MUL AB	AB←A*B	A 乘以 B，积的高八位在 A，低八位在 B	1	4
DIV AB	AB←A%B	A 除以 B，商在 A，余数在 B	1	4
DA A	对 A 进行十进制调整	累加器进行十进制转换	1	1

3. 逻辑运算指令

指令格式	操作	功能描述	字节数	周期
ANL A,Rn	A←A∧Rn	累加器与寄存器相"与"	1	1
ANL A,direct	A←A∧(direct)	累加器与直接地址单元相"与"	2	1
ANL A,@Ri	A←A∧((Ri))	累加器与间接 RAM 内容相"与"	1	1
ANL A,#data8	A←A∧data	累加器与 8 位立即数相"与"	2	1
ANL direct,A	direct←A∧(direct)	直接地址单元与累加器相"与"	2	1
ANL direct,#data8	(direct)←(direct)∧data	直接地址单元与 8 位立即数相"与"	3	2
ORL A,Rn	A←A∨Rn	累加器与寄存器相"或"	1	1
ORL A,direct	A←A∨（direct）	累加器与直接地址单元相"或"	2	1
ORL A,@Ri	A←A∨((Ri))	累加器与间接 RAM 内容相"或"	1	1
ORL A,#data8	A←A∨data	累加器与 8 位立即数相"或"	2	1
ORL direct,A	direct←A∨(direct)	直接地址单元与累加器相"或"	2	1
ORL direct,#data8	(direct)←(direct)∨data	直接地址单元与 8 位立即数相"或"	3	2
XRL A,Rn	A←A⊕Rn	累加器与寄存器相"异或"	1	1
XRL A,direct	A←A⊕(direct)	累加器与直接地址单元相"异或"	2	1
XRL A,@Ri	A←A⊕((Ri))	累加器与间接 RAM 内容相"异或"	2	1
XRL A,#data8	A←A⊕data	累加器与 8 位立即数相"异或"	2	1
XRL direct,A	direct←A⊕(direct)	直接地址单元与累加器相"异或"	2	1
XRL direct,#data8	(direct)←(direct)⊕data	直接地址单元与 8 位立即数相"异或"	3	2
CLR A	A←0	累加器清 0	1	1
CPL A	A←$\bar{A}$	累加器求反	1	1
RL A	A 循环左移一位	累加器循环左移	1	1
RLC A	A 带进位循环左移一位	累加器带进位循环左移	1	1
RR A	A 循环右移一位	累加器循环右移	1	1
RRC A	A 带进位循环右移一位	累加器带进位循环右移	1	1
SWAP A	$A_{4-7}\longleftrightarrow A_{0-3}$	累加器半字节交换	1	1

4. 控制转移指令

指令格式	操作	功能描述	字节数	周期
ACALL addr11	$PC+2 \to PC, SP \leftarrow (SP)+1, PCL \to (SP)$, $SP \leftarrow (SP)+1, PCH \to (SP), addr11 \to PC_{10-0}, PC_{11-15}$不变	绝对短调用子程序	2	2
LACLL addr16	$PC+3 \to PC, SP \leftarrow (SP)+1, PCL \to (SP)$, $SP \leftarrow (SP)+1, PCH \to (SP), addr16 \to PC$	长调用子程序	3	2
RET	$((SP)) \to PCH, SP \leftarrow (SP)-1, ((SP)) \to PCL, SP \leftarrow (SP)-1$	子程序返回	1	2
RETI	$((SP)) \to PCH, SP \leftarrow (SP)-1, ((SP)) \to PCL, SP \leftarrow (SP)-1$，清除中断优先级状态触发器	中断返回	1	2
AJMP addr11	$PC+2 \to PC, addr11 \to PC_{10-0}, PC_{11-15}$不变	绝对短转移	2	2
LJMP addr16	$addr16 \to PC$	长转移	3	2
SJMP rel	$PC+2 \to PC, PC+rel \to PC$	相对转移	2	2
JMP @A+DPTR	$(A)+(DPTR) \to PC$	相对于 DPTR 的间接转移	1	2
JZ rel	$PC+2 \to PC$, 若$(A)=0$ 则 $PC+rel \to PC$；否则程序顺序执行	累加器为零转移	2	2
JNZ rel	$PC+2 \to PC$, 若$(A) \neq 0$ 则 $PC+rel \to PC$；否则程序顺序执行	累加器非零转移	2	2
CJNE A,direct,rel	$PC+3 \to PC$, 若$(A) \neq (direct)$ 则 $PC+rel \to PC$；否则程序顺序执行；并且当$(A) < (direct)$ 则 $cy=1$，当$(A) \geq (direct)$ 则 $cy=0$	累加器与直接地址单元比较，不等则转移	3	2
CJNE A,#data8,rel	$PC+3 \to PC$, 若$(A) \neq$,#data8, 则 $PC+rel \to PC$；否则程序顺序执行；并且当$(A) <$ data8 则 $cy=1$，当$(A) \geq$ data8 则 $cy=0$	累加器与8位立即数比较，不等则转移	3	2
CJNE Rn,#data8,rel	$PC+3 \to PC$, 若$(Rn) \neq$ data8 则 $PC+rel \to PC$；否则程序顺序执行；并且当$(Rn) <$ data8 则 $cy=1$，当$(A) \geq$ data8 则 $cy=0$	寄存器与8位立即数比较，不等则转移(相等则执行本指令的下一条)	3	2
CJNE @Ri,#data8,rel	$PC+3 \to PC$, 若$((Ri)) \neq$ data8 则 $PC+rel \to PC$；否则程序顺序执行；并且当$((Ri)) <$ data8 则 $cy=1$，当$((Ri)) \geq$ data8 则 $cy=0$	间接RAM单元，不等则转移(但有时还想得知两数比较之后哪个大，哪个小，本条指令也具有这样的功能，如果两数不相等，则CPU还会反映出哪个数大，哪个数小，这是用CY(进位位)来实现的。如果前面的数(A中的)大，则 CY=0，否则 CY=1)	3	2
DJNZ Rn,rel	$PC+2 \to PC$, $(Rn)-1 \to Rn$；若$(Rn) \neq 0$, 则 $PC+rel \to PC$；若$(Rn)=0$,则程序顺序执行	寄存器减1，非零转移	2	2
DJNZ direct,rel	$PC+2 \to PC$, $(direct)-1 \to direct$；若$(direct) \neq 0$, 则 $PC+rel \to PC$；若$(direct)=0$,则程序顺序执行	直接地址单元减1，非零转移	3	2
NOP	$PC+1 \to PC$	空操作	1	1

5. 布尔变量操作指令

指令格式	操　作	功能描述	字节数	周期
CLR C	Cy←0	清进位位	1	1
CLR bit	bit←0	清直接地址位	2	1
SETB C	Cy←1	置进位位	1	1
SETB bit	Bit←1	置直接地址位	2	1
CPL C	Cy←$\overline{cy}$	进位位求反	1	1
CPL bit	bit←$\overline{bit}$	直接地址位求反	2	1
ANL C,bit	Cy←Cy∧(bit)	进位位和直接地址位相"与"	2	2
ANL C,/bit	Cy←Cy∧($\overline{bit}$)	进位位和直接地址位的反码相"与"	2	2
ORL C,bit	Cy←Cy∨(bit)	进位位和直接地址位相"或"	2	2
ORL C,/bit	Cy←Cy∨($\overline{bit}$)	进位位和直接地址位的反码相"或"	2	2
MOV C,bit	Cy←(bit)	直接地址位送入进位位	2	1
MOV bit,C	bit←Cy	进位位送入直接地址位	2	2
JC rel	PC+2→PC, 若 Cy=1 则 PC+ rel→PC；否则程序顺序执行	进位位为 1 则转移(CY=0 不转移, =1 转移)	2	2
JNC rel	PC+2→PC, 若 Cy=0 则 PC+ rel→PC；否则程序顺序执行	进位位为 0 则转移（和上面相反）	2	2
JB bit,rel	PC+3→PC, 若(bit)=1 则 PC+ rel→PC；否则程序顺序执行	直接地址位为 1 则转移	3	2
JNB bit,rel	PC+3→PC, 若(bit)=0 则 PC+ rel→PC；否则程序顺序执行	直接地址位为 0 则转移	3	2
JBC bit,rel	PC+3→PC, 若(bit)=1 则 Bit←0,PC+rel→PC；否则程序顺序执行	直接地址位为 1 则转移, 该位清零	3	2

6. 寄存器

寄存器符号	地址	功能描述
B	F0H	B 寄存器
ACC	E0H	累加器
PSW	D0H	程序状态字
IP	B8H	中断优先级控制寄存器
P3	B0H	P3 口锁存器
IE	A8H	中断允许控制寄存器
P2	A0H	P2 口锁存器
SBUF	99H	串行口锁存器
SCON	98H	串行口控制寄存器
P1	90H	P1 口锁存器

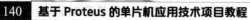

续表

寄存器符号	地址	功能描述
TH1	8DH	定时器/计数器 1（高 8 位）
TH0	8CH	定时器/计数器 1（低 8 位）
TL1	8BH	定时器/计数器 0（高 8 位）
TL0	8AH	定时器/计数器 0（低 8 位）
TMOD	89A	定时器/计数器方式控制寄存器
TCON	88H	定时器/计数器控制寄存器
DPH	83H	数据地址指针（高 8 位）
DPL	82H	数据地址指针（低 8 位）
SP	81H	堆栈指针
P0	80H	P0 口锁存器
PCON	87H	电源控制寄存器

7. 伪指令

助 记 符	功能描述
ORG	设置程序起始地址
END	标志源代码结束
EQU	定义常数
SET	定义整型数
DATA	给字节类型符号定值
BYTE	给字节类型符号定值
WORD	给字类型符号定值
BIT	给位地址取名
ALTNAME	用自定义名取代保留字
DB	给一块连续的存储区装载字节型数据
DW	给一块连续的存储区装载字型数据
DS	预留一个连续的存储区或装入指定字节
INCLUDE	将一个源文件插入程序中
TITLE	列表文件中加入标题行
NOLIST	汇编时不产生列表文件
NOCODE	条件汇编时，条件为假的不产生清单

参考文献

［1］谭浩强. C 程序设计[M]. 北京：清华大学出版社，2008.

［2］徐爱钧. 单片机高级语言 C51 应用程序设计[M]. 北京：电子工业出版社，1999.

［3］胡汗才. 单片机原理及其接口技术[M]. 北京：清华大学出版社，2000.

［4］付家才. 单片机控制工程实践技术[M]. 北京：化学工业出版社，2005.

［5］田亚娟. 单片机原理及应用[M]. 大连：大连理工大学出版社，2008.

［6］雷伏容. 单片机常用模块设计查询手册[M]. 北京：清华大学出版社，2010.

［7］王海文. 单片机应用与实践项目化教程[M]. 北京：化学工业出版社，2010.

［8］罗学恒. 单片机实践与应用[M]. 北京：电子工业出版社，2010.

［9］李全利，单片机原理及应用技术，高等教育出版社，2010.

［10］李学礼，基于 Proteus 的 8051 单片机实例教程，电子工业出版社，2010.

［11］程利民. 单片机 C 语言编程实践[M]. 北京：电子工业出版社，2011.

［12］陈海松. 单片机应用技能项目化教程[M]. 北京：电子工业出版社，2012.

［13］王静霞. 单片机应用技术[M]. 北京：电子工业出版社，2012.